Chirag Babariya
Devyani Deshmukh

Efeito do pinçamento apical e dos retardadores de crescimento na produção de sementes de quiabo

Chirag Babariya
Devyani Deshmukh

Efeito do pinçamento apical e dos retardadores de crescimento na produção de sementes de quiabo

(Abelmoschus esculentus (L.) Moench.) cv. GO-6

ScienciaScripts

Imprint
Any brand names and product names mentioned in this book are subject to trademark, brand or patent protection and are trademarks or registered trademarks of their respective holders. The use of brand names, product names, common names, trade names, product descriptions etc. even without a particular marking in this work is in no way to be construed to mean that such names may be regarded as unrestricted in respect of trademark and brand protection legislation and could thus be used by anyone.

Cover image: www.ingimage.com

This book is a translation from the original published under ISBN 978-620-7-46907-9.

Publisher:
Sciencia Scripts
is a trademark of
Dodo Books Indian Ocean Ltd. and OmniScriptum S.R.L publishing group

120 High Road, East Finchley, London, N2 9ED, United Kingdom
Str. Armeneasca 28/1, office 1, Chisinau MD-2012, Republic of Moldova, Europe
Printed at: see last page
ISBN: 978-620-7-94299-2

Conteúdo

RESUMO...2

RECONHECIMENTO...4

CAPÍTULO - I 6

CAPÍTULO - II 10

CAPÍTULO - III 23

CAPÍTULO - IV 32

CAPÍTULO - V 56

CAPÍTULO - VI 66

BIBLIOGRAFIA 69

APÊNDICE 75

RESUMO

O quiabo (*Abelmoschus esculentus* (L.) Moench), conhecido como "Lady's finger" em inglês e "Bhindi" em hindi, pertence à família Malvaceae e é uma das mais importantes culturas hortícolas cultivadas extensivamente em todo o país durante o verão e a estação das chuvas. A presente investigação sobre o "**Efeito da compressão apical e dos retardadores de crescimento na produção de sementes e nos seus parâmetros de qualidade do quiabo (*Abelmoschus esculentus* (L.) Moench.) cv. GO-6"** foi realizado em duas partes (Parte A - experiências de campo e Parte B - experiências de laboratório) com os objectivos de estudar o efeito da compressão apical no rendimento e na qualidade das sementes, estudar o efeito do retardador de crescimento no rendimento e na qualidade das sementes e estudar o efeito da interação da compressão apical e do retardador de crescimento no rendimento e na qualidade das sementes.

A experiência foi estabelecida num esquema de blocos aleatórios factoriais com três repetições e a variedade de quiabo GO-6 durante a *kharif* 2021 na Quinta *Sagdividi*, Departamento de Ciência e Tecnologia de Sementes, Faculdade de Agricultura, Universidade Agrícola de Junagadh, Junagadh. (Parte-A). A observação foi registada em cinco plantas seleccionadas aleatoriamente para diferentes características *viz,* altura da planta (cm), número de folhas por planta, dias para o início da floração, dias para a colheita, número de ramos por planta, número de frutos por planta, comprimento do fruto (cm), perímetro do fruto (cm), peso seco do fruto (g), número de sementes por fruto e produção de sementes por planta (g).

Os resultados da presente experiência revelaram que, em geral, a pinça apical e os reguladores de crescimento das plantas foram eficazes para aumentar o rendimento do quiabeiro.

Entre 20 e 30 DAS, o pinçamento apical reduz a altura da planta (cm) e aumenta o número de ramos por planta, o número de folhas por planta, o peso seco do fruto (g), o número de frutos por planta, os dias para a colheita, a circunferência do fruto (cm), a produção de sementes por planta (g), os dias para o início da floração, o peso de cem sementes, o diâmetro da semente (mm), a germinação, o comprimento da plântula, o peso seco da plântula (mg), o índice de vigor da plântula-I (comprimento) e o índice de vigor da plântula-II (massa). Sem pinchamento (P0) aumentam a altura da planta aos 30, 60, 90 DAS e colheita, comprimento do fruto, número de sementes por fruto.

Para a aplicação de diferentes concentrações de retardadores de plantas, o tratamento CCC 200 ppm [embebição de sementes + pulverização foliar (S3)] teve um resultado superior em relação ao peso seco do fruto (g), produção de sementes por planta (g), número de frutos por planta, número de ramos por planta, comprimento do fruto (cm), perímetro do fruto (cm), número de sementes por fruto, peso de cem sementes e diâmetro da semente (mm). No entanto, a CCC 400 ppm apresentou maior número de folhas, dias para o início da floração, dias para a colheita e altura mínima da planta na fase de embebição das sementes (S1). KH2PO4 5000 ppm [embebição da semente + pulverização foliar (T9)] foi mais eficaz na germinação, peso seco da plântula (mg), índice de vigor da plântula-I (comprimento), índice de vigor da plântula-II (massa) e comprimento da plântula.

Com base na discussão geral, verificou-se que o pinçamento apical e o retardador de crescimento desempenharam um papel importante na produção de sementes e seus atributos e também nos parâmetros de qualidade das sementes de quiabo. O pinçamento aos 20 DAS (P1) foi considerado eficaz para melhorar os parâmetros de crescimento da planta, a produção de sementes e a qualidade das sementes de quiabo. A melhoria máxima foi observada no crescimento vegetativo da planta, no rendimento da semente e nos parâmetros de atribuição de rendimento pela aplicação de CCC 200 ppm (T_3) e para os parâmetros de qualidade da semente, exceto o peso de cem sementes e o diâmetro da semente (m).

RECONHECIMENTO

A educação desempenha um papel vital no desenvolvimento pessoal e social e o professor desempenha um papel fundamental na transmissão da educação. Os professores desempenham um papel crucial na formação do futuro dos alunos. Não há substituto para a relação professor-aluno". Aproveito esta oportunidade de ouro para expressar a minha humilde e profunda gratidão a todos aqueles que me ajudaram a concluir a minha investigação. Estas palavras são um pequeno reconhecimento, mas nunca uma recompensa total pela sua grande ajuda e cooperação. Em primeiro lugar, agradeço ao "Todo-Poderoso" que me deu força e fortaleza para concluir este trabalho extenuante.

*No início desta epístola, considero-me afortunado e muito privilegiado por ter trabalhado sob a supervisão e orientação do **Dr. C. A. Babariya**, Professor Assistente, Departamento de Ciência e Tecnologia de Sementes, Colégio de Agricultura, J. A. U., Junagadh. As palavras são inadequadas para exprimir os meus sinceros e profundos sentimentos de gratidão, provenientes do mais íntimo do meu coração, pela sua orientação e supervisão, pelo seu encorajamento sincero, pela sua apreciação crítica na execução do meu trabalho e por toda a confiança que depositou na minha capacidade, principal responsável pela presente realização.*

*Gostaria de expressar o meu sincero agradecimento aos membros do meu comité consultivo, **Dr. J. B. Patel**, Professor Associado, Dept. of Seed Science & Technology Collage of Agriculture, J. A. U., Junagadh, **Dr. M. H. Sapovadiya**, Investigador Assistente, Dept. of Genetics & Plant Breeding, Collage of Agriculture J. A. U., Junagadh e **Dr. U. K. Kandoliya**, Professor Associado, Departamento de Biotecnologia, Faculdade de Agricultura, J. A. U., Junagadh, para além dos seus esforços incansáveis, orientação sagaz e planeamento irrepreensível. Estou-lhes grato pelos seus conselhos salutares, pela sua amável cooperação e pelas suas discussões agradáveis sobre uma série de temas.*

*Estou sinceramente grato e em dívida para com o **Dr. V. P. Chovatia**, o Hon'ble Vice-Chanceler, o **Dr. D. R. Mehta**, Diretor de Investigação e Reitor, Estudos P. G., o **Dr. S. G. Savaliya**, Diretor e Reitor, Faculdade de Agricultura, J. A. U., Junagadh e todos os membros do pessoal do ramo académico, bem como da biblioteca central, pela sua cooperação e encorajamento sempre dispostos.*

*Agradeço também a todos os membros do pessoal do Departamento de Ciência e Tecnologia das Sementes, J. A. U, Junagadh, especialmente à **Sra. Jyoti R. Sondarva**, à **Sra. Deepali V. Vora, Sr. Dharmesh Savaliya** e todos os membros do pessoal do Departamento de Ciência e Tecnologia das Sementes por me terem dado orientação e a ajuda necessária durante o período do meu estudo.*

Os meus sinceros agradecimentos ao Sr. R. J. Vasava e ao Sr. F. S. Vasava, do Departamento de Ciência e Tecnologia de Sementes, Faculdade de Agricultura, J. A. U., Junagadh, pela sua imensa ajuda e melhor cooperação durante o estudo e a experimentação.

*Gostaria de deixar registados os meus sinceros agradecimentos aos meus sempre prestativos seniores **Divyesh Bodsa (melhor amigo), Malkesh Gavli (Bhailu), Ruchit Patel, Mori Ruchit, Kinnary Chauhan, Darshna Gunguniya e Hitesh Thakare**. Dar-lhe-ei sempre o devido valor e carinho.*

*O meu reconhecimento estaria incompleto se não agradecesse aos colegas de grupo e aos simpatizantes que me ajudaram muito de várias formas durante todo o período da minha investigação. Assim, gostaria de estender os meus mais sinceros agradecimentos a **Mamta**,*

Dhaval, Yash, Princi (Butki), Jyoti, Urvi, Dipti, Janvi, Hemali, Bhavin, Vishnu, Suraj, Shubham, Megha, Bhumu e aos meus colegas *Pratik, Anjali e Bhumika* que, direta ou indiretamente, me deram inspiração e apoio moral e com quem partilhei muitas recordações.

*Sou muito afortunado e sortudo por ter o incessante encorajamento e amor da minha família. Não há palavras suficientes neste mundo mortal para exprimir os meus sentimentos para com o meu pai, **Sr. Sunilbhai Janubhai Deshmukh**, e a minha mãe, **Sra. Chandrakalaben Sunilbhai Deshmukh**, o meu irmão **Deshmukh Jaydeep** e todos os membros da minha família pelo seu constante encorajamento, bênçãos e apoio moral para a realização do meu sonho.*

Por último, mas não menos importante, louvores e agradecimentos ao Todo-Poderoso, "Lord Ganesha" e "Lord Sai baba", pelas chuvas de bênçãos ao longo do meu trabalho de investigação, para que este fosse concluído com êxito.

O fim é inevitável para qualquer tipo de trabalho, embora o reconhecimento seja uma tarefa interminável; termino agradecendo infinitamente a todos aqueles que posso recordar aqui e também àqueles que posso ter deixado sem saber.

CAPÍTULO - I

INTRODUÇÃO

Os produtos hortícolas são componentes importantes da agricultura indiana e da segurança nutricional devido à sua curta duração, elevado rendimento, riqueza nutricional, viabilidade económica e capacidade de gerar emprego na exploração e fora dela. O nosso país é abençoado por diversos agro-climas com estações distintas, o que torna possível o cultivo de uma vasta gama de produtos hortícolas. Diz-se corretamente que "os legumes são os amigos do médico e a glória do cozinheiro". Os legumes são fontes vitais de proteínas, vitaminas, minerais, fibras alimentares, micronutrientes, antioxidantes e fitoquímicos na nossa dieta diária. O cultivo de produtos hortícolas é uma parte significativa da economia agrícola nacional, especialmente nos países em desenvolvimento. Na Índia, os produtos hortícolas são activos biológicos valiosos, especialmente os recursos genéticos. Foram vividamente descritos nas escrituras indianas, como *"Vedas e Ramayana"*. A Índia é rica em biodiversidade de produtos hortícolas e é o centro primário/secundário de origem de muitos produtos hortícolas (Anon., 2016).

O quiabo (*Abelmoschus esculentus* (L.) Moench) é uma cultura hortícola economicamente importante cultivada nas regiões tropicais e subtropicais do mundo (Tindall, 1986). O quiabo é um membro da família Malvaceae e é originário da África do Sul e da Ásia. É uma cultura hortícola anual cultivada nas regiões tropicais e subtropicais do mundo. Embora o quiabo seja principalmente uma cultura de sequeiro, também se dá bem em condições de regadio durante as épocas de *kharif* e de verão. Na Índia, é cultivado para obter frutos tenros, que são utilizados como legumes. Estes frutos tenros podem ser desidratados e comercializados para fins hortícolas.

O quiabo é popularmente conhecido como lady's finger em inglês, *gombo* em francês, *guibeiro* em português, *guino-gombo* em espanhol, *bhindi* em hindi, *gandhmula* em sânscrito e *bamiah* em árabe. O quiabo foi anteriormente incluído no género *Hibiscus*, secção *Abelmoschus* na família Malvaceae (Schippers, 2000) que inclui culturas de fibras como o algodão (*Gossypium* spp.) e o Kenaf (*Hibiscus cannabinus*). O binómio atualmente aceite para o quiabo é *Abelmoschus esculentus* L. Moench, anteriormente referido como *Hibiscus esculentus* L.

Os frutos verdes tenros do quiabo são vegetais muito nutritivos que contêm 66 mg de cálcio e 0,2 mg de iodo por cada 100 g de porção comestível e um número razoável de de vitaminas *viz.*, A, B e C. Recentemente, tem-se dado atenção ao uso de sementes de quiabo como fonte de proteínas (cerca de 20% da matéria seca) e óleo vegetal (cerca de 14% da matéria seca). Por vezes, as sementes são torradas e utilizadas como substituto do café.

Na Índia, a área cultivada com quiabo é de 5,26 lakh hecters, com uma produção anual de 64,60 lakh toneladas e uma produtividade de 12,18 toneladas por hectare (Anon., 2020a). Em Gujarat, é cultivado numa área de 0,77 lakh hecters com uma produção de 9,49 lakh toneladas e uma produtividade de 12,32 toneladas por hectare de frutos verdes (Anon., 2020b).

Os principais estados produtores de quiabo na Índia são Gujarat, Maharashtra, Andhra Pradesh, Uttar Pradesh, Tamil Nadu, Karnataka, Haryana e Punjab, onde é cultivado como uma cultura *da* época *kharif* e de verão. Em Gujarat, os principais distritos de cultivo do quiabo são Surat, Tapi, Navsari, Banaskantha, Vadodara, Kheda, Bharuch, Anand e Mehsana. Não cresce em colinas altas e em zonas com temperaturas muito baixas. Cresce bem nas zonas onde a temperatura diurna se mantém entre 25 °C e 40 °C e a nocturna é superior a 22 °C.

O quiabo pode ser cultivado durante todo o ano para fins hortícolas. No entanto, a cultura de sementes comporta-se de forma diferente às condições ambientais no que respeita à floração, frutificação, produção e qualidade das sementes. Por isso, é necessário determinar o efeito do pinçamento apical e a resposta à aplicação exógena de reguladores de crescimento para maximizar a produção de sementes, uma vez que não existe informação suficiente sobre este aspeto.

O quiabo é predominantemente uma cultura de polinização cruzada que produz flores isoladas nas axilas das folhas e o número de laterais de frutificação é limitado. O corte ou pinçamento apical é uma prática bem conhecida para quebrar a dominância apical em algumas culturas para encorajar o crescimento lateral, aumentando assim a área potencial de frutificação (Gujar e Srivastava, 1972). Além disso, a experiência dos investigadores e dos produtores de sementes mostra que o desbaste proporcional dos frutos na planta de quiabo tem uma influência direta no desenvolvimento dos frutos e na qualidade das sementes (Deshmukh e Tayde, 1986).

A aplicação de um regulador de crescimento exógeno é considerada uma agrotécnica eficaz para aumentar o rendimento de muitas plantas cultivadas. Entre os métodos de aplicação de reguladores de crescimento, o tratamento de sementes antes da sementeira é um dos métodos mais fáceis, mais baratos e mais eficazes, uma vez que requer menos tempo, materiais e mão de obra.

O crescimento e o rendimento do quiabeiro são regulados principalmente por factores genéticos e de gestão das culturas. Entre os factores culturais, a gestão da copa das plantas é da maior importância para obter mais frutos por planta, o que, em última análise, contribui para uma maior produção de frutos, produção de sementes e qualidade das sementes. As hormonas vegetais são um instrumento útil para regular a copa das plantas em termos de controlo da altura ou de indução de ramificações, o que não é possível através da gestão normal das culturas. Para além das hormonas vegetais, existem outros produtos vegetais, conhecidos como reguladores do crescimento das plantas. Estes são compostos químicos aplicados numa quantidade muito pequena, com metabolismo e propriedades únicas para afetar os processos fisiológicos, como estimular ou inibir o crescimento das plantas, modificando a ação hormonal natural (Chand *et al.*, 2013). Os reguladores de crescimento incluem tanto promotores de crescimento como retardadores de crescimento, que modificam a estrutura da copa e o rendimento (Aurovinda e Rajendra, 2003). Estes produtos químicos, naturais ou sintéticos, afectam o crescimento e o desenvolvimento das plantas, alterando o nível endógeno das hormonas naturais. Ainda nesta categoria, os retardadores de crescimento são um grupo diversificado de compostos sintéticos que inibem a divisão celular no meristema subapical do rebento, resultando numa redução do alongamento do caule. Estes produtos químicos retardadores do crescimento modificam a estrutura da copa e o rendimento, em última análise, abrandando a divisão e o alongamento celular no tecido do rebento e regulando fisiologicamente a altura da planta sem qualquer efeito adverso na taxa de desenvolvimento e vigor da planta (Cathey, 1964). Assim, para obter uma maior produção de sementes e regular o crescimento das plantas, as concentrações e o estádio de aplicação dos reguladores de crescimento das plantas têm de ser planeados cuidadosamente (Kore *et al.,* 2003).

Entre os vários produtos químicos que retardam o crescimento, o cloreto de (2-cloroetil)-trimetil amónio, vulgarmente conhecido como cloromequato ou Cycocel, é muito eficaz, bloqueando principalmente a biossíntese de giberelinas, que são as principais responsáveis pelo alongamento dos rebentos (Rademacher, 2000). A aplicação de cycocel resulta na redução da altura da planta com entrenós mais curtos e também induz a formação de mais ramos laterais frutíferos (Pateliya *et al.,* 2014). O Cycocel é conhecido por controlar a produção excessiva de biomassa e produz os seus efeitos através da alteração dos níveis internos das hormonas naturais, causando assim uma modificação do crescimento e desenvolvimento na direção e extensão desejadas (Sahu *et al.,* 2017).

A estabilidade dos rendimentos é frequentemente determinada pela qualidade das sementes, pelo que o fornecimento de sementes de qualidade é um aspeto importante da produção de sementes de produtos hortícolas (Chand *et al.,* 2013). Os retardadores de crescimento ajudam na utilização eficiente de metabolitos, desempenham um papel importante na regulação da copa das plantas, na formação de vagens, sementes, *etc.* na planta (Barche *et al.,* 2010). No quiabo, o cycocel retardou o crescimento da planta, induziu a formação de ramos laterais, produziu um maior número de frutos por planta, mais sementes por fruto e, assim, resultou num rendimento final mais elevado (Patel, 1988). O produto químico cycocel também melhora a germinação das sementes, induz a floração precoce, aumenta a produção de frutos e, por fim, produz mais sementes por fruto no quiabeiro (Bharad, 2005).

Os efeitos benéficos dos reguladores de crescimento foram registados por vários trabalhadores. A aplicação de substâncias retardadoras do crescimento das plantas às sementes e à folhagem de culturas hortícolas demonstrou uma diminuição da altura das plantas, um aumento do número de ramos, folhas, frutificação e produção de frutos (Arora *et al.*, 1990). Arora e Dhanakar (1992) relataram o efeito benéfico da CCC, quando utilizada para embeber as sementes e pulverizar foliarmente 100 ppm em quiabeiro, registando um rendimento máximo de frutos devido ao aumento do número de ramos, folhas, número de frutos por planta e diâmetro dos frutos. Enquanto o dihidrogenofosfato de potássio ajuda na rápida germinação das sementes e, portanto, resulta em maior crescimento vegetativo e isso pode ser devido ao elemento 'K' ser mais permeável através do revestimento da semente no quiabo, a imersão da semente com dihidrogenofosfato de potássio (0,5 %) por 16 horas produziu maior rendimento de sementes com melhor qualidade de sementes de quiabo (Vijayakumar *et al.*, 1988).

A semente é o fator de produção básico e crucial na produção agrícola. Manter o fornecimento contínuo de sementes de alta qualidade aos cultivadores, é essencial para produzir sementes geneticamente puras e preservar a qualidade das sementes até à sua sementeira é o aspeto mais importante do programa de produção de sementes.

Tendo todos estes pontos em vista, a presente investigação foi planeada e realizada com os seguintes objectivos no quiabeiro cv. Gujarat Okra-6 (GO-6).

1. Determinar o impacto do pinçamento apical no rendimento das sementes e nos seus parâmetros de qualidade

2. Descobrir a influência dos retardadores de crescimento no rendimento das sementes e nos seus parâmetros de qualidade

CAPÍTULO - II

REVISÃO DA LITERATURA

A presente investigação, intitulada **"Efeito do beliscão apical e dos retardadores de crescimento na produção de sementes e nos seus parâmetros de qualidade do quiabo (*Abelmoschus esculentus* (L.) Moench.) cv. GO-6"** foi conduzido durante a *kharif* 2021 na Quinta *Sagdividi*, Departamento de Ciência e Tecnologia de Sementes, Faculdade de Agricultura, Universidade Agrícola de Junagadh, Junagadh. A informação sobre o efeito do pinçamento apical e dos retardadores de crescimento no rendimento das sementes e nos seus parâmetros de qualidade está muito disponível. No entanto, os investigadores dedicaram muito pouca atenção ao beliscamento apical adequado e à utilização de retardadores de crescimento com tratamento de sementes e pulverização foliar para aumentar o rendimento e a qualidade das sementes de quiabo. Por conseguinte, a revisão da literatura disponível sobre o efeito do pinçamento apical e dos retardadores de crescimento no rendimento das sementes e no seu parâmetro de qualidade no quiabeiro foi revista e apresentada abaixo.

2.1 Efeito do pinçamento apical no crescimento das plantas, no rendimento e na qualidade das sementes

Gujar e Srivastva (1972) observaram que o corte apical do quiabeiro afectou o crescimento das plantas, particularmente quando foi realizado 20 dias após a sementeira. Enquanto que o corte aos 27 dias após a sementeira não afectou tanto o crescimento mas causou atraso na floração.

Olasantan (1986) realizou ensaios de campo com quiabos durante três estações e relatou que a remoção do botão apical no caule principal às 3rd ou 4th semanas não afectou a produção de frutos comercializáveis, mas que a produção foi reduzida em cerca de (39,00%) quando o desbaste foi feito às 5th , 6th ou 7th semanas. O desponte apical levou a um maior desenvolvimento vegetativo, a uma maior acumulação de matéria seca e a uma menor altura da planta. A remoção do botão apical às semanas 3, 4 ou 5 atrasou a primeira colheita em 8, 15 ou 18 dias, respetivamente, em comparação com as plantas de controlo não desbastadas.

Bhat (1994) observou que o pinçamento apical no quiabeiro cv. Arka Abhay e Pusa Sawani reduziu o número de folhas (16,5/planta), o índice de área foliar (0,75), a altura da planta na colheita (107,4 cm) e também causou atraso na maturidade (112 dias) em comparação com a ausência de pinçamento do broto apical.

Reddy *et al.* (1997) relataram que o pinçamento apical do quiabo aumentou a produção de sementes em 9,6% em relação ao controlo. A retenção de 12 frutos por planta e o pinçamento resultaram em maior produção de sementes (1,24 t/ha) com qualidade média de sementes, além do aumento de outros atributos de produção.

Nasir (2001) estudou a resposta de várias cultivares de quiabeiro a diferentes épocas de pinçamento e relatou que o número máximo de dias para a primeira floração (57,40), a altura da planta na última colheita (100,03 cm), vagens/planta na primeira colheita (0,917), número de frutos frescos/planta (24,95), sementes/planta (49,40), rendimento total (20857,3 kg/ha) foram registados com pinçamento aos 30 dias. O comprimento máximo de frutos comestíveis (14,71 cm), ramos/planta (3,78) e a altura máxima da planta na primeira colheita (30,65 cm) foram registados com o pinçamento aos 45 dias. Dias mínimos para a primeira floração (44,63), vagens/planta na primeira colheita (0,650) e sementes/vagem (46,13) foram observados sem pinça (controlo).

Sajjan *et al.* (2004) estudaram os efeitos do pinching [pinching apical aos 20 e 30 dias após a sementeira (DAS)] no rendimento e qualidade das sementes de quiabo (cv. Arka Anamika). O pinçamento aos 20 DAS resultou em maior rendimento de sementes, peso de 100 sementes, germinação de sementes, comprimento de raiz, comprimento de rebento, peso seco de plântula e índice de vigor de plântula. Eles concluíram que o pinçamento apical aos 20 DAS foi o mais adequado para aumentar o rendimento e a qualidade das sementes de quiabo.

Abdul *et al.* (2007) revelaram que as plantas com copa deram maior número de vagens (78,46) do que as sem copa. O aumento do número de vagens por planta resultante da desponta pode dever-se ao facto de se iniciarem mais ramos através deste processo.

Olasantan e Salau (2008) relataram que os tratamentos de poda foram impostos a plantas de quiabo com desbaste apical durante 3 anos para avaliar os efeitos da remoção de um quarto, metade ou três quartos dos ramos primários no crescimento e na produção de folhas frescas e vagens. A poda atrasou significativamente (P<0-0,5) em 8-10 dias, prolongou a duração da colheita em 12-15 dias e aumentou o número de vagens por planta em 10-40 % e a produção de vagens em 9-36 % mais do que as plantas de controlo, que não tiveram nem remoção do gomo apical nem poda. No entanto, não foi encontrada qualquer diferença no peso ou comprimento das vagens entre estes tratamentos e o controlo. A poda de três quartos aumentou significativamente (PO-05) a produção de folhas frescas em 29-49 %, mas nem todas as folhas eram desejáveis para consumo devido ao alto teor de fibras. Observou-se uma tendência para a diminuição do número de ramos secundários, do peso seco dos rebentos e da produção de vagens (40-57, 22-36 e 22-30 %), respetivamente, mais do que um quarto ou metade da poda.

Wenyonu *et al.* (2011) estudaram a influência do recuo e do espaçamento entre fileiras no crescimento, floração e colheita do quiabeiro. O arranque foi efectuado aos 35, 40 e 45 DAG. Os tratamentos de espaçamento foram 60x40 e 60x60 cm. No total, a poda aos 35 DAG melhorou o crescimento vegetativo em comparação com as podas subsequentes. Os resultados revelaram que o encabeçamento aumentou a produção de um maior número de vagens por planta, o peso das vagens por planta e aumentou o rendimento total e comercializável e reduziu o comprimento, o diâmetro e o peso das vagens.

Patil *et al.* (2012) realizaram um estudo de campo sobre a influência do pinçamento apical no crescimento e na produção de sementes, atribuindo características ao quiabo com três variedades: GO-2, Prabhani Kranti e VRO-6. Os resultados revelaram que a altura máxima da planta (41,132 cm) e o comprimento do fruto (17,516 cm) foram registados no tratamento sem pinça, o que resultou no número máximo de nós por planta (9,881) e no número de sementes por fruto (40,600), respetivamente. A circunferência máxima do fruto (1,725 cm), o número de frutos por planta (6,770) e o peso de 100 sementes (6,319 g) foram recuperados no tratamento com pinça aos 20 DAS. Enquanto que o máximo de dias para a floração (48,612) e dias para a maturação (114,313) foram registados no pinçamento aos 30 DAS. O comprimento do fruto (17,516 cm) e o número de sementes por fruto (40,600) foram registados ao máximo no tratamento sem pinça. Os resultados indicaram que o pinchamento aos 20 DAS aumentou as características que contribuem para a produção de sementes, enquanto que o pinchamento aos 30 DAS atrasou o crescimento da cultura.

Aliyu *et al.* (2015) estudaram o efeito da poda no crescimento e na produção de frutos frescos do quiabeiro. As plantas foram podadas através da remoção do gomo apical do caule principal às 4, 5 e 6 WAS (semanas após a sementeira) e sem poda (controlo). Os resultados revelaram que o crescimento e a produção de frutos frescos do quiabeiro foram mais elevados no quiabeiro podado. A poda influencia significativamente o crescimento e o rendimento do quiabeiro. Em média, a produção de frutos frescos do quiabeiro foi de 10 t/ha no tratamento com poda e no controlo foi de 6 t/ha. Pode concluir-se que a poda atrasa a floração mas aumenta o rendimento do quiabeiro. Assim, a poda pode ser recomendada como uma das práticas mais adequadas para aumentar a produtividade do quiabeiro.

Ahmad *et al.* (2016) revelaram que os tipos de pinça afectaram significativamente todos os parâmetros do estudo. As plantas com uma única pinça foram registadas com uma maior extensão da copa, o maior comprimento médio das vagens, o número de colheitas e a produção de vagens frescas de quiabo. O número máximo de ramos primários por planta e de ramos secundários por planta foi registado com o pinçamento duplo. Em caso de interação, a maior dispersão da copa, o maior comprimento médio das vagens, o maior número de colheitas e o maior rendimento de vagens frescas foram registados em plantas de pino simples com aplicação de azoto em 6 doses divididas.

Sahu e Bishwal (2017) estudaram o efeito de quatro tratamentos de pinçamento, a *saber*: pinçamento do broto terminal (T_1); pinçamento do broto terminal com uma folha (T_2); pinçamento do broto terminal com duas folhas (T_3) e nenhum pinçamento (controle) (T_4) sobre o crescimento e a floração do quiabeiro cv. Pusa A_4. Relataram que os parâmetros de crescimento em termos de altura da planta foram registados ao máximo (52,50cm) na planta não pinçada (T_4), enquanto que o número máximo de folhas (38,33) e o número de ramos (4,60) foram registados com o pinçamento do botão terminal (T_1). No que diz respeito aos parâmetros de rendimento, o mesmo tratamento de pinçamento (T_1) registou valores significativamente mais elevados para o número de vagens por planta (22,25), peso da vagem por planta (74,77), perímetro da vagem (6,45), número de sementes por vagem (35,00) e rendimento por parcela (4,037 kg) em comparação com a planta pinçada com um botão terminal juntamente com duas folhas (T_3) e a planta não pinçada (T_4).

Bagasol *et al.* (2019) estudaram o efeito dos horários de cobertura nos parâmetros de crescimento e rendimento do dedo de moça. Os tratamentos foram 20, 30, 40 DAE (dias após a emergência) e sem cobertura (controlo). Eles revelaram que a cobertura do dedo de moça aos 20, 30 e 40 DAE não afetou significativamente o comprimento dos frutos e a área foliar das plantas, no entanto, a cobertura do dedo de moça aos 20 DAE aumentou significativamente o número de ramos, o peso dos frutos, o número de frutos e o rendimento. Os resultados indicaram que o crescimento e a produção diminuíram quando a desponta foi efectuada depois dos 20 DAE.

Ali *et al.* (2021) realizaram uma experiência sobre a prática de pinçamento que afectou significativamente diferentes parâmetros de crescimento e rendimento das variedades de quiabo testadas. Entre os estágios de pinçamento, as plantas pinçadas no estágio de 3rd nós produziram o número máximo de ramos laterais da planta[-1] (8,15), número de folhas da planta[-1] (176,75), número de vagens da planta[-1] (15,53), rendimento da parcela[-1] (2,32kg) e rendimento ha[-1] (19,39tons). Por outro lado, o número mínimo de dias para a floração (47,25) foi registado por plantas não pinçadas. Além disso, entre as variedades testadas, a Swat Green pinçada no estágio de 3rd nós produziu mais número de ramos laterais na planta[-1] (8,99), número de folhas na planta[-1] (189,5), número de vagens na planta[-1] (15,17), número de colheitas (23,08), comprimento da vagem (12,37 cm), peso individual da vagem (15,20g), rendimento da parcela[-1] (2,30kg) e rendimento ha[-1] (19,22tons). Estes resultados revelaram que o tratamento de pinçamento na fase de 3rd nós é benéfico para melhorar o crescimento e as características de rendimento das variedades de quiabo testadas, particularmente da Swat Green.

2.2 Efeito da embebição das sementes e da aplicação foliar de retardadores de crescimento no rendimento e na qualidade das sementes de quiabo cv. GO-6

2.2.1 Embeber as sementes

Rajput *et al.* (1981) relataram que a embebição de sementes com CCC aumentou significativamente a produção de sementes de quiabo cv. Pusa Sawani. A produção de sementes (13,93 q/ha) foi maior com a aplicação de CCC @ 200 ppm, que foi *igual* a 100 ppm. Os componentes do rendimento, como o número de frutos (14,73/planta) e o peso dos frutos (195,66 g), foram mais elevados com CCC 200 ppm em comparação com CCC 300 ppm e o controlo.

Vijaykumar *et al.* (1988) observaram que, no quiabeiro cv. Pusa Sawani, sementes embebidas com 100 ppm de CCC durante 16 horas produziram maior número de vagens (10/planta), peso da vagem (34,94 g/planta), peso da semente (20,97 g/planta) e peso de 100 sementes (5,7 g) em comparação com CCC @ 200 ppm, bem como com o controlo. As plantas cultivadas a partir de sementes embebidas em dihidrogenofosfato de potássio @ 5000 ppm resultaram num número significativamente maior de frutos (14/planta), peso do fruto (47,92 g/planta), peso da semente (25,57 g/planta) e peso de 100 sementes (5,9 g) em comparação com o menor número de frutos (8/planta), peso do fruto (23 g/planta), peso da semente (13,14 g/planta) e peso de 100 sementes (5,0 g) no controlo (sem embebição de sementes).

Kabir *et al.* (1989) mostraram que o comprimento da videira de pepino em 30th nós foi significativamente mais curto com CCC 250 ppm e CCC 500 ppm.

Dhumal *et al.* (1993) verificaram que o efeito do tratamento de sementes com ácido giberélico no crescimento e rendimento do quiabeiro. As sementes de quiabo foram tratadas com GA (0, 25, 50 ou 75 ppm). A aplicação de NAA 25 ppm GA deu um rendimento significativo por área de hectare.

Rathod e Patel (1994) observaram um número máximo de entrenós, ramos por planta, maior rendimento de frutos verdes (99,81 q por ha) e o maior ganho líquido em quiabos com a aplicação de uma concentração mais elevada de cycocel (750 ppm) em quiabos.

Sharma (2001) observou um número mínimo de dias até 50 % de floração, um número máximo de nós de frutificação, um peso máximo de frutos, um número máximo de frutos, uma maior produção de frutos por parcela por hectare e uma relação custo-benefício mais elevada com a aplicação de 200 ppm de cycocel como embebição de sementes.

Munda *et al.* (2000) avaliaram o efeito de reguladores de crescimento vegetal na qualidade das sementes de quiabo [*Abelmoschus esculentus* (L.) Moench] cv. Parbhani Kranti. A aplicação de diferentes concentrações de hormonas de crescimento, *nomeadamente* GA3 e NAA, em diferentes parâmetros das sementes de quiabo revelou que GA3 100 ppm como tratamento de sementes foi considerado o mais eficaz, em que as sementes por vagem, o peso por vagem, o peso de sementes por planta, o tamanho das sementes, o peso de 100 sementes e a produção de sementes por hectare foram significativamente superiores aos restantes tratamentos.

Faten e Ismaeil (2003) estudaram as sementes de quiabo que foram embebidas em benzil adenina (BA) a 50 ou 100 ppm, paquilopetrazol (PP333) a 0,5, 1,0 ou 2,0 ppm e água como tratamento de controlo. Este tratamento deu parâmetros mais elevados de germinação de sementes, crescimento vegetativo da planta, teor de pigmentos fotossintéticos, produção total de frutos por planta e estado nutricional em comparação com o controlo. Os melhores resultados de germinação, crescimento vegetativo, teor de pigmentos fotossintéticos, frutificação total por planta e composição química de folhas e frutos foram obtidos com a aplicação de benzil adenina a 100 ppm seguida de paquilopetrazol (PP333) a 1,0 ppm. Além disso, estes tratamentos proporcionaram a colheita de 6 frutos precoces em comparação com o controlo.

Patel *et al.* (2005) compararam o beliscão apical e o Cycocel (CCC) com diferentes espaçamentos no quiabeiro cv. Gujarat Okra 2 e descobriram que o CCC a 750 mg/l com espaçamento de 45×30 cm foi significativamente superior para melhorar os caracteres morfológicos, *ou seja*, número de ramos (4,7), folhas por planta (25,00) e rendimento por hectare (18,35 t/ha), que foi *igual* ao beliscão aos 60 DAS com espaçamento de 45×30 cm.

Patil e Patel (2010) estudaram o efeito do tratamento de sementes com GA3 e NAA no crescimento e rendimento do quiabo [*Abelmoschus esculentus* (L.) Moench], cv. GO-2. Os tratamentos consistiram em três concentrações de GA3 (15 mg/l, 30 mg/l e 45 mg/l), NAA (10 mg/l, 20 mg/l e 40 mg/l), embebição das sementes em água destilada e controlo (sementes não embebidas). Os resultados mostraram que o GA3 a 15 mg/l registou a maior percentagem de germinação de sementes, perímetro do caule, número de ramos, número de folhas por planta, floração precoce, perímetro do fruto, comprimento do fruto, peso do fruto, produção de frutos por planta e produção de frutos por hectare, enquanto o GA3 a 45 mg/l se revelou benéfico no que diz respeito à altura da planta, número de entrenós e comprimento intermodal. No entanto, o GA3 a 30 mg/l produziu o número máximo de frutos por planta. Do ponto de vista económico, o NAA 10 mg/l foi considerado rentável em comparação com os restantes tratamentos.

2.2.2 Aplicação foliar

Patel e Singh (1990) notaram que, no quiabeiro cv. Pusa Sawani, a aplicação de cycocel aumenta significativamente a produção de sementes. O CCC 1000 ppm deu o número máximo de frutos (25,35/planta), comprimento do fruto (12,70 cm), diâmetro do fruto (1,80 cm), peso do fruto (438,68 g/planta) e rendimento do fruto por hectare (24,37 t ha^{-1}) em relação ao CCC 1500 ppm e ao controlo (pulverização de água). A dose mais alta de CCC 1500 ppm mostrou uma redução significativa na produção de frutos, principalmente devido ao retardamento do crescimento da planta.

Ingle *et al.* (1993) observaram que a aplicação foliar de NAA + ureia 1% + ZnSO4 (0,2%) aumenta a altura da planta (78,53cm e 70,93cm) e o número de ramos (9,73 e 8,13) na malagueta.

Gasti *et al.* (1997) estudaram a influência de retardadores de crescimento no rendimento do quiabo durante a estação kharif. Eles descobriram que a pulverização foliar de 175 ppm de cloreto de mepiquat aos 45 dias após a semeadura resultou no maior rendimento.

Patel (1998) estudou o efeito de reguladores de crescimento de plantas, *nomeadamente* GA3, NAA e CCC, no crescimento e rendimento do quiabeiro cv. Parbhani Kranti e concluiu que o CCC era mais eficaz, resultando num tipo de planta ideal para o quiabeiro. A pulverização de 1000 ppm de CCC resultou em plantas de baixa estatura (80,85 cm) com entrenós mais curtos (9,42 cm), enquanto que os dias mínimos para a primeira floração (42,10 dias) foram registados com a pulverização de 750 ppm de CCC. Da mesma forma, o maior número de nós (12,82), a circunferência máxima do caule (4,77 cm), o maior rendimento de vagens verdes (17,83 t por ha) e o rendimento de sementes (18,45 q por ha) foram obtidos com a pulverização de 500 ppm de CCC na planta de quiabo.

Gonge *et al.* (2005) estudaram o efeito da pulverização foliar de diferentes concentrações de retardadores de crescimento de plantas, *isto é*, cycocel, ethrel e hidrazida maleica, 30 dias após a sementeira, no crescimento e rendimento de sementes da variedade de quiabo Akola

Bahar. Entre as diferentes concentrações de cycocel (250, 500, 750 e 1000 ppm) registou-se um máximo de frutos por planta (8,56) com a aplicação foliar de 750 ppm de cycocel.

Kokare *et al* (2006) revelaram que o retardador de crescimento CCC 400 ppm aumentou o teor de clorofila total tanto nas folhas como nos frutos e diminuiu os dias até 50% de floração no quiabeiro cv. Parbhani Kranti.

Surendra *et al.* (2006) estudaram a resposta dos reguladores de crescimento vegetal e micronutrientes no aumento do rendimento e dos componentes do rendimento do quiabeiro. Os resultados indicaram que, entre os reguladores de crescimento e os micronutrientes, a aplicação foliar de GA3 (25 e 50 ppm) e FeSO4 (0,5%) aos 60 dias após a sementeira (DAS) registou uma produção de frutos frescos significativamente mais elevada do que os outros tratamentos. O aumento é devido ao aumento dos componentes que atribuem rendimento, *como* o número total de flores, frutos por planta, comprimento do fruto, número de sementes por fruto, peso da semente e índice de colheita.

Mahorkar *et al.* (2007) referiram que entre as diferentes concentrações de cycocel (200, 500, 750 e 1000 ppm), o número máximo de ramos, folhas, entrenós por planta e a altura mínima da planta foram registados com a aplicação foliar de 1000 ppm de cycocel aos 30 dias após a sementeira no quiabeiro cv. Parbhani Kranti.

Parmar *et al.* (2008) indicaram que a aplicação de CCC 300 ppm aos 25 e 50 dias após a sementeira registou o maior rendimento de frutos por planta (g), número de frutos por planta e rendimento de frutos por hectare (t/ha) e a maior relação custo-benefício no quiabeiro.

Patil *et al.* (2010) estudaram a influência de diferentes reguladores de crescimento de plantas no crescimento, parâmetros de rendimento e rendimento de sementes, bem como a relação B:C no quiabo cv. Arka Anamika. Reguladores de crescimento de plantas, NAA (50, 100 e 150 ppm) e GA3 (50, 100, 150 ppm) foram pulverizados aos 30 e 50 dias após a semeadura. Os resultados revelaram que o maior rendimento de sementes (14,40 q/ha) e a relação B:C (2,9) foram registados com a aplicação de GA3 (150 ppm), o que se deveu ao número máximo de sementes por fruto (56,78), peso de 1000 sementes (75,90 g) e rendimento de sementes (1,55 kg/parcela). No que diz respeito aos parâmetros de crescimento, GA3 a 150 ppm resultou na altura máxima da planta (81,95 cm) seguida de NAA a 50 ppm (80,52 cm). O controlo registou a menor altura de planta (57,26 cm). A aplicação de NAA a 50 ppm e 100 ppm resultou no comprimento máximo dos frutos (20,5 e 20,1 cm, respetivamente). A aplicação de NAA a 150 ppm registou o menor comprimento de fruto (17,15 cm), o que foi *igual* ao controlo (17,53 cm) e ao GA3 a 100 ppm (17,88 cm). O maior diâmetro de fruto foi registado com a aplicação de GA3 a 50 ppm e 150 ppm (3,25 e 3,17 cm, respetivamente). Significativamente, o menor diâmetro de fruto foi registado com a aplicação de NAA a 150 ppm (1,98 cm). A aplicação de GA3 a 150 ppm registou os valores mais elevados para a maioria dos parâmetros de rendimento, *a saber,* número de sementes por fruto (62,56 e 51,00) e peso de 1000 sementes (78,63 e 73,03 g), o que facilitou a obtenção do rendimento máximo (1,59 e 1,52 kg/parcela) durante o primeiro e segundo ano de experimentação, respetivamente. Da mesma forma, os valores de germinação de sementes (85,30 e 84,00 %) foram registados no máximo durante o primeiro e segundo ano de experimentação, respetivamente.

Dhage *et al.* (2011) realizaram a experiência de campo com diferentes concentrações de GA3, IAA e NAA como tratamento de sementes seguido de pulverização foliar 30 DAS na variedade de quiabo Akola Bahar. Os dados revelaram que o efeito significativo para a altura da planta (107,74 cm), comprimento internodal (3,1 cm) foi obtido no tratamento GA3 a 150ppm, enquanto o número de ramos (3,53) foi encontrado no máximo no tratamento IAA a

100 ppm. No entanto, o número mínimo de dias necessários para a primeira floração (39,67 dias) e a primeira colheita (44,67 dias) e a percentagem máxima de frutificação (74,79 %) e a produção de frutos por hectare (87,47 q) foram registados no tratamento GA3 a 150 ppm.

Mandal *et al.* (2012) relataram que o número máximo de frutos por planta e o rendimento por parcela foram obtidos com CCC a 800 ppm, que foi *igual* ao CCC a 1000 ppm.

Mondal *et al.* (2012) investigaram o efeito da aplicação foliar de quitosana, um promotor de crescimento, nos atributos morfológicos, de crescimento, bioquímicos, de rendimento e de produção de frutos do quiabeiro cv. BARI Dherosh-1. A experiência incluiu cinco níveis de concentrações de quitosano, *nomeadamente* 0 (controlo), 50, 75, 100 e 125 ppm. A quitosana foi pulverizada três vezes aos 25, 40 e 55 dias após a sementeira. Os resultados revelaram que a maioria dos traços morfológicos (altura da planta e número de folhas por planta), parâmetros de crescimento (massa seca total por planta, taxa de crescimento absoluto e taxa de crescimento relativo), parâmetros bioquímicos (redutase de nitrato e fotossíntese) e atributos de rendimento (número de frutos por planta e tamanho do fruto) aumentaram com o aumento da concentração de quitosana até 125 ppm, resultando no maior rendimento de frutos no quiabeiro (27,9% de rendimento aumentado em relação ao controlo). No entanto, o aumento dos parâmetros da planta, bem como a produção de frutos, não foi significativo a partir de 100 ppm de quitosana. Por conseguinte, a aplicação foliar de quitosano a 100 ou 125 ppm deve ser utilizada na fase inicial de crescimento para obter um rendimento máximo de frutos no quiabeiro.

Ayyub *et al.* (2013) avaliaram a eficácia do GA3 aplicado como aplicação foliar para melhorar o crescimento vegetativo e reprodutivo do quiabeiro. A primeira aplicação foliar de GA3 (100 mg/kg) foi efectuada após 3 semanas da sementeira, enquanto as três aplicações seguintes foram efectuadas com um intervalo regular de uma semana. Os resultados revelaram que o aumento do número de aplicações foliares de GA3 melhorou substancialmente o crescimento vegetativo e reprodutivo do quiabeiro em comparação com as plantas de controlo. Verificou-se que a aplicação em diferentes fases de crescimento do quiabeiro aumentou predominantemente o alongamento do caule, o número de folhas por planta, o número de vagens por planta, o número de sementes por vagem, o peso das sementes e a produção de sementes. Portanto, pode-se concluir que a aplicação foliar de GA3 pode ser uma estratégia eficaz para maximizar o crescimento e o rendimento do quiabeiro.

Chand *et al.* (2013) estudaram o efeito da interação entre os reguladores de crescimento das plantas e a retenção de frutos no crescimento da cultura, no rendimento e na qualidade das sementes de quiabo cv. Arka Anamika. Os reguladores de crescimento das plantas com diferentes concentrações e níveis de retenção de frutos mostraram uma resposta diferencial para todos os parâmetros de crescimento, rendimento e qualidade das sementes. Entre as diferentes interações, as plantas com 8 frutos retidos pulverizadas com NAA @ 25 ppm registraram maior altura de planta (72,39 cm e 130,74 cm), número de folhas por planta (16,00 e 23,93) e redução da circunferência do caule (3,02 cm e 3,41 cm) aos 60 e 90 dias, respetivamente, e também levou menos dias para a maturação (116,40). Entre as interacções, as plantas com 8 frutos retidos pulverizadas com NAA @ 25 ppm registaram o maior comprimento de fruto (25,32 cm), largura de fruto (6,24 cm) e número de sementes por fruto (61,66) seguido de TIBA @ 100 ppm, NAA @ 50 e 75 ppm, TIBA @ 200 e 300 ppm e todos os tratamentos foram superiores a todos os frutos retidos por planta pulverizada com água destilada (16,13 cm, 4,45 cm e 48,90). A produtividade de frutos por planta (135,86 g) e por hectare (7882 kg) e a produtividade de sementes por planta (35,54 g) e por hectare (1931 kg) foram maiores com 12 plantas com frutos retidos pulverizadas com NAA @ 25 ppm, seguidas por TIBA @ 100 ppm, NAA @ 50 e 75 ppm, TIBA @ 200 e 300 ppm e todos os tratamentos foram superiores a todos os frutos retidos por planta pulverizada com água destilada. Entre as interacções, as plantas com 8 frutos retidos pulverizadas com NAA @ 25 ppm registaram o maior comprimento do rebento (29,80 cm), comprimento da raiz (19,16 cm), peso seco das plântulas (24,0 mg), índice de vigor I (4833), índice de vigor II (2369), emergência no campo (93%), resposta ao envelhecimento acelerado (89%), densidade da semente (0,93 g/cc) e menor condutividade eléctrica (251 dS/m), enquanto que os parâmetros mais baixos foram registados com todas as plantas com frutos retidos pulverizadas com água destilada.

Rani *et al.* (2013) observaram que o aumento do diâmetro do fruto, comprimento e peso da vagem, número de sementes pela aplicação de reguladores de crescimento e micronutrientes no quiabo.

Shahid *et al.* (2013) pulverizaram as diferentes concentrações (0, 50, 100 e 200 ppm) de ácido giberélico (GA3) e ácido naftalenoacético (NAA), isoladamente ou em diferentes combinações em plantas de quiabo na fase de 2 folhas verdadeiras, para verificar o seu impacto no crescimento das plantas, produção de vagens, rendimento e qualidade das sementes. Os resultados revelaram que os reguladores de crescimento foram menos eficazes quando aplicados individualmente em comparação com a sua utilização combinada; no entanto, o desempenho das plantas tratadas com PGR individuais foi melhor do que o das plantas não tratadas. O número de folhas por planta e a altura das plantas foram maiores quando pulverizadas com GA3 e NAA @ 200 + 100 ppm, bem como com GA3 e NAA @ 200 + 200 ppm. O número de vagens por planta, o comprimento das vagens, o peso fresco e seco das vagens, a produção de sementes e a qualidade das sementes (percentagem de germinação e peso de 1000 sementes) foram máximos nas plantas que receberam pulverização foliar de GA3 e NAA a 200 + 200 ppm.

Dev *et al.* (2014) estudaram a resposta da aplicação foliar de reguladores de crescimento vegetal e nutrientes na economia da cultura do quiabo cv. Parbhani Kranti. Os resultados indicaram que o rendimento bruto e o retorno líquido máximos foram registados com a aplicação foliar de 75 ppm GA3 seguida de 50 ppm GA3, enquanto a relação custo/benefício máxima foi registada com 75 ppm NAA seguida de 50 ppm NAA.

Mohammadi *et al.* (2014) estudaram o efeito da aplicação foliar de ácido giberélico (GA3) ao quiabeiro numa fase inicial de crescimento da planta (3-4 folhas) no crescimento da planta, características da vagem e da semente em relação ao tempo de colheita. O GA3 foi aplicado em concentrações de 0 (controlo), 50 e 100 mg/l a quatro cultivares de quiabo (Boyiatiou, Veloudo, Clemson e Pylaias). Verificou-se que a aplicação de GA3 aumentou a altura das plantas, independentemente da cultivar e da concentração de GA3 (50 e 100 mg/l), mas sem aumentar a indução de flores ou a formação de vagens. Da mesma forma, o GA3 não teve efeito nas dimensões das vagens (que foram determinadas pelo genótipo) ou no peso médio de 100 sementes, exceto em Boyiatiou. Da mesma forma, a aplicação de GA3 não afectou consistentemente o teor de humidade das sementes, mas aumentou, no entanto, o número de sementes por vagem. A germinação foi promovida (Veloudo), inibida (Boyiatiou) ou não foi afetada (Pylaias e Clemson) pelo GA3. As diferenças na germinação estavam aparentemente relacionadas com a incidência de sementes duras. Em geral, as características das vagens e das sementes foram mais afectadas pelo genótipo e pela época de colheita do que pela aplicação de GA3.

Pateliya *et al.* (2014) avaliaram a eficácia de vários retardadores de crescimento no crescimento e rendimento do quiabeiro. Os tratamentos foram Cycocel (CCC), Hidrazida Maleica (MH), Ethrel e controlo, pulverizados em duas fases diferentes, 25 e 50 dias após a sementeira. Os resultados revelaram que o CCC 300 ppm registou o atraso máximo na altura da planta e induziu o número máximo de ramos e folhas por planta. A circunferência do caule principal e o número de entrenós foram mais elevados com CCC 300 ppm. A aplicação foliar de CCC 300 ppm reduziu significativamente o comprimento dos entrenós em comparação com o controlo. A pulverização de CCC 300 ppm aos 25 e 50 dias após a sementeira influenciou significativamente o aumento do comprimento do fruto, do diâmetro do fruto e da circunferência do fruto. A maior produção de frutos por planta, número de frutos por planta e produção de frutos por hectare foi observada com CCC 300 ppm. A produção mínima de frutos foi obtida no controlo.

Ravat e Makani (2015) estudaram o efeito de reguladores de crescimento vegetal no crescimento, rendimento e qualidade das sementes de quiabo [*Abelmoschus esculentus* (L.) Moench] cv. GAO5 em condições médias de Gujarat. Entre os diferentes tratamentos, GA3@ 100 ppm foi o melhor para o crescimento e caracteres de rendimento de sementes *viz.*, altura da planta (cm), número de folhas, número de entrenós por planta, dias para o início da floração, dias para 50 por cento de floração e GA3 @ 50 ppm foi o melhor para o crescimento e caracteres de qualidade de sementes *viz.*, peso médio de vagem (g), peso de 100 sementes (g), peso seco de plântulas (g) e índice de vigor de plântulas-II. As plantas pulverizadas com tioureia @ 500 ppm produziram os melhores caracteres de crescimento e rendimento, *como* área foliar (cm2), índice de área foliar, peso seco total da planta (g), número de vagens por planta, comprimento da vagem (cm), número de sementes por vagem, rendimento de sementes por planta (g) e rendimento de sementes por hectare (q).

Baraskar *et al.* (2017) estudaram um genótipo (AKOV-107) e quatro reguladores de crescimento de plantas diferentes para avaliar as pulverizações foliares dos reguladores de crescimento de plantas GA3, NAA, ácido salicílico e chitom em três concentrações diferentes de cada um e um controlo (sem pulverização) replicado três vezes. A aplicação foliar de 150 ppm de GA3 e 200 ppm de NAA tem um papel benéfico nos caracteres da planta e no rendimento do quiabeiro.

Sanodiya *et al.* (2017) estudaram a pulverização foliar de dois reguladores de crescimento como GA3, NAA foram pulverizados em diferentes concentrações e 20th , 40th e 60th dia após a semeadura. Os resultados revelaram que a pulverização foliar tem um impacto significativamente positivo no regulador de crescimento nos parâmetros de crescimento, *ou seja*, T4 (NAA 50 @ ppm a 20 dias de pulverização) foi a primeira floração (31,47 dias), 50% de floração (40,40 dias), primeira colheita (37,02 dias), dias mínimos para a maturidade dos frutos (66,02 dias), parâmetro de rendimento T5 (NAA 50 ppm a 40 dias de pulverização) peso máximo do fruto (16,47 gm.), peso seco do fruto (5.61 gm.), comprimento do fruto (16,58 cm), perímetro do fruto (6,46 cm), rendimento do fruto por parcela (4,83 kg), rendimento por hectare (96,63 q/ha.), e o parâmetro de qualidade da semente T6 (NAA @ 50 ppm pulverizado aos 60 DAS) registou o comprimento máximo da raiz (9.40 cm), peso fresco da plântula (6,43 g), peso seco da plântula (26,77 mg) e índice de vigor tipo I & II (2210,29 e 22,58) em comparação com outros tratamentos e T9 (controlo).

Kumar *et al.* (2018) utilizaram três tratamentos, *nomeadamente* cycocel (200, 400 e 600 ppm), PBZ (150, 250 e 300 ppm) e ethrel (150, 250 e 300 ppm), que foram pulverizados uma vez aos 30 DAS. A partir dos resultados, as observações foram registadas em vários traços e concluíram que os dias mais baixos para a primeira floração e 50 % de floração, posição nodal da primeira flor, maior número total de colheitas, número de frutos por planta, rendimento por planta e por hectare, peso de um único fruto, largura do fruto, Vitamina - 'A' e % de fibra bruta foram registados mais em CCC @ 600 ppm, enquanto o número máximo de nós, menor taxa de crescimento absoluto (AGR) e taxa de crescimento relativo (RGR) da planta, comprimento do fruto e ácido ascórbico foram maiores em ethrel @ 300 ppm.

Wang *et al.* (2019) estudaram para explorar métodos de cultivo de quiabo em área salgada, ácido giberélico exógeno (GA3) e ácido ascórbico (AsA) foram folhagem aplicada em mudas de quiabo sob estresse de NaCl. Os resultados mostraram que o tratamento com 100 mM de NaCl diminuiu o comprimento do rebento, o comprimento da raiz, o peso fresco, o peso seco, o conteúdo de pigmentos de clorofila e elementos nutritivos, aumentou os níveis de fuga de electrólitos, H2O2, peroxidação lipídica e actividades de enzimas antioxidantes. Os tratamentos com 0,1 mM GA3 e/ou 0,1 mM AsA podem aliviar os efeitos nocivos do stress salino nas plântulas de quiabeiro, melhorando os indicadores de crescimento, aumentando os teores de clorofila e carotenóides, estimulando as actividades das enzimas antioxidantes e diminuindo a fuga de electrólitos, o teor de H2O2 e a peroxidação lipídica. Além disso, as concentrações de K, Ca, Mg e Fe nas folhas e raízes, bem como os níveis de osmo-protectores (prolina e proteína solúvel) aumentaram em resposta ao tratamento com GA3 + AsA em plântulas de quiabo com stress de NaCl. No geral, a aplicação foliar de GA3 e/ou AsA demonstrou benefícios para as mudas de quiabo em ambientes salinos. A aplicação combinada de GA3 e AsA foi mais eficaz do que o uso isolado de GA3 ou AsA.

Moulana *et al.* (2020) realizaram uma experiência em dois genótipos de quiabo com base na concentração de cycocel para 50 % de floração (34,33 dias), número máximo de vagens por planta (30,83), número máximo de colheitas por planta (15,66) e rendimento máximo de vagens por hectare (132,32 q), que foi considerado superior a 400 ppm de cycocel como pulverização foliar. Entre duas cultivares, a concentração mais eficaz de cycocel para o número de nós por planta (26,30), número de colheitas por planta (14,23), número máximo de vagens por planta (26,54) e rendimento máximo de vagens por hectare (107,7 q) foi superior na cultivar de quiabo Pusa Sawani.

Gaikwad *et al.* (2021) revelaram que a aplicação de reguladores de crescimento das plantas aumentou significativamente as características morfofisiológicas, *nomeadamente* a altura das plantas, o número de ramos por planta, o número de folhas por planta, o número de flores por planta e os dias até 50% de floração, em comparação com o controlo. A aplicação de reguladores de crescimento aumentou todos os parâmetros de rendimento, *nomeadamente* o peso fresco dos frutos, o número de frutos por planta, o comprimento dos frutos, o perímetro dos frutos e o rendimento dos frutos, que aumentou significativamente devido aos reguladores de crescimento das plantas. A produção de frutos melhorou com a aplicação foliar de ácido giberélico (GA3) seguido de ácido naftalenoacético (NAA); ácido indol-3-butírico (IBA) em comparação com o controlo.

2.2.3 Efeitos de interação (embebição das sementes + aplicação foliar)

Arora *et al.* (1990) embeberam as sementes da cultivar de quiabo Pusa Sawani antes da sementeira durante 24 horas em cycocel (clormequato) a 50, 100, 250 ou 500 ppm e em NAA a 5, 10 ou 25 ppm. Os produtos químicos também foram pulverizados na folhagem aos 20 e 40 dias após a sementeira. O NAA a 25 ppm como semente + tratamento foliar estimulou o crescimento das plantas, enquanto o cycocel a 100 ppm como semente + tratamento foliar aumentou o número de rebentos e folhas/planta. O Cycocel a 50 ppm como pulverização foliar sozinho deu a floração mais precoce. A maior média de frutificação e rendimento

(176,9 q/ha, comparado com 84,5 q/ha no controlo) foram obtidos com cycocel a 100 ppm, como semente + tratamento foliar.

Arora e Dhanakar (1992) relataram que a aplicação combinada de CCC @100 ppm como embebição de sementes durante 24 horas e pulverização foliar no quiabeiro cv. HB-55 registou um número significativamente maior de frutos (36,5/planta), peso de frutos (305 g/planta), rendimento de frutos (18,1 t ha^{-1}) comprimento de frutos (9,1 cm) e diâmetro (2,3 cm) em comparação com a embebição de sementes ou pulverização foliar isoladamente, bem como o controlo.

Gulshan e Lal (1997) realizaram uma experiência entre as várias combinações de tratamento com ácido giberílico, NAA e ureia aplicadas ao quiabeiro cv. Pusa sawani no verão. O maior número de vagens foi obtido após o tratamento de sementes com NAA a 20 PPM + pulverização foliar de 0,2 por cento de ureia aos 20 dias após a sementeira. A segunda variante mais eficaz foi o tratamento de sementes com GA a 750 ppm NAA a 20 ppm + pulverização foliar de 4 por cento de ureia aos 0 dias após a sementeira. A embebição de sementes em GA a 20 ppm deu o maior rendimento de sementes por hectare, que foi superior ao tratamento de controlo. Todas as combinações de tratamento reduziram o número de dias para 50% de floração e o número de dias para a primeira frutificação.

Sajjan *et al.* (2003) determinaram o efeito da preparação das sementes e da aplicação foliar de reguladores de crescimento e produtos químicos no crescimento, produção de sementes e atributos de produção do quiabeiro. Cycocel [chlormequat] (CCC; 200 e 400 ppm), TIBA (100 e 200 ppm) e KH2PO4 (5000 e 10000 ppm) foram aplicados *via* embebição de sementes (S1), aplicação foliar aos 30 DAS (S2), e combinação de S1 + S2 (S3). A altura das plantas diminuiu com a aplicação de TIBA. KH2PO4 aumentou a altura da planta em todos os estágios de crescimento. O número de folhas por planta foi maior com 400 ppm de CCC, que foi *igual* a 200 ppm de CCC e KH2PO4. O número de ramos por planta, o número de folhas na colheita, a produção de sementes transformadas e a recuperação de sementes foram mais elevados com 200 ppm de CCC. O clormequat a 400 ppm levou o maior número de dias para a iniciação da flor. A preparação da semente não afectou os dias para a colheita durante a *kharif*, mas foram observadas diferenças significativas na estação *rabi*. A preparação da semente aumentou o rendimento da semente processada em ambas as estações.

As combinações de embebição de sementes + pulverização foliar resultaram no maior número de folhas, número de ramos por planta e número de dias para o início da floração. Outras combinações de embebição de sementes + pulverização foliar resultaram no maior rendimento de sementes processadas nas estações *de kharif* e *rabi* (983,6 e 885,6 kg/ha, respetivamente). Durante a *kharif*, a produção de sementes foi mais alta (1242,7 kg/ha) com 200 ppm CCC (embebição de sementes + aplicação foliar) e mais baixa no controlo (871,3 kg/ha). Uma tendência semelhante também foi observada na estação *rabi*.

Bharad (2005) revelou que o aumento da concentração de clormequat aumentou a germinação das sementes. Houve uma relação positiva significativa ($p < 0,05$) entre a porcentagem de germinação de sementes e o aumento da concentração de clormequat. A redução do comprimento internodal, do alongamento da raiz e da altura da planta foi registada com o aumento da concentração de clormequato. O clormequato promoveu o número de ramos, o número de folhas e a área foliar por planta. O peso seco das folhas, caules e raízes aumentou com o aumento da concentração de clormequato. A floração do quiabeiro foi acelerada com o aumento da concentração de clormequato. O período reprodutivo das plantas foi prolongado com o aumento da concentração de clormequato. O comprimento do fruto, a circunferência do fruto, o peso do fruto, o número de frutos por planta, a produção de frutos por hectare e o número e peso de sementes por fruto aumentaram com o aumento da concentração de clormequato. A combinação de embebição de sementes e pulverização foliar foi um método melhor do que os outros dois métodos para aumentar a produção de frutos.

Munikrishnaappa e Shantappa (2009) relataram que, entre os tratamentos com reguladores de crescimento de ácido giberílico (25 ppm) e cycocel (100 e 150 ppm), o número máximo de frutos por planta, a circunferência do fruto e a produção de frutos por hectare foram observados com a aplicação foliar de cycocel @ 150 ppm aos 40 e 60 dias após a semeadura e das plantas derivadas de sementes embebidas com 150 ppm de cycocel.

Barche *et al.* (2010) estudaram a resposta dos retardadores de crescimento em características vegetativas, reprodutivas e económicas do quiabeiro. Os resultados revelaram que a altura da planta foi mais retardada no tratamento com CCC @ 1500 ppm de semente + foliar, enquanto o número de folhas, ramos por planta, número de frutos imaturos tenros, peso fresco e seco, comprimento e diâmetro de frutos tenros, rendimento e relação custo-benefício máxima foram maiores no tratamento com CCC @ 1000 ppm de semente + foliar.

Rajkumar *et al.* (2013) estudaram as várias concentrações do retardador de crescimento cycocel (150, 300 e 450 ppm) que foram aplicadas apenas como embebição de sementes, pulverização foliar (20 e dias após a sementeira) e embebição de sementes juntamente com pulverização foliar para estudar o efeito na floração, frutificação e rendimento do quiabo cv. Kashi Pragati. Entre os vários tratamentos, o cycocel @ 450 ppm como embebição de sementes e pulverização foliar foi considerado eficaz para aumentar a floração, o número de vagens por planta, o peso médio das vagens, o comprimento das vagens e, portanto, o rendimento das vagens.

Singh (2013) estudou o efeito do cycocel (CCC) e da bengilamina (BA) no crescimento e nos caracteres reprodutivos do quiabeiro cv. Parbhani Kranti seguindo os métodos de semente, foliar e semente + foliar. A aplicação foliar + semente de 1000 ppm de CCC aumentou a floração em 4 a 9 dias. O tratamento 75 ppm BA + 1000 ppm CCC deu vagens de boa qualidade e rendimento (154,22 q/ha) em comparação com o controlo (138,60 q/ha).

Patil *et al.* (2014) aplicaram reguladores de crescimento de plantas com concentração específica, *ou seja*, GA3 50 ppm como embebição de sementes durante a noite, Cycocel 400 ppm como pulverização foliar aos 30 DAS e combinações de GA3 50 ppm + Cycocel 400 ppm. Os resultados revelaram que a embebição das sementes em GA3 50 ppm aumentou os frutos secos (maturidade das sementes) e aumentou o comprimento dos frutos, enquanto o tratamento com CCC aumentou significativamente a percentagem de germinação. O maior número de frutos secos por planta na maturidade da semente, o número de sementes por fruto, a produção de sementes por planta (g), bem como por parcela (kg) e por hectare (q) foram registados com GA3 50 ppm + CCC 400 ppm.

Bhagure e Tambe (2015) estudaram que o tratamento incluía as duas concentrações, *ou seja*, embebição de sementes de GA3 (50 e 100 ppm) e cycocel (100 e 150 ppm) e pulverizações foliares de cycocel (250, 500, 750, 1000 ppm) aos 30 e 45 dias após a sementeira e controlo. A embebição de sementes de quiabo com GA3 @ 100 ppm e pulverizações foliares de cycocel @ 750 e 1000 ppm aos 30 e 45 DAS, respetivamente, foram consideradas benéficas para aumentar os atributos fisiológicos como área foliar (1134,6 cm2), índice de área foliar (1,32 m2), clorofila a (1,41mg/g), clorofila b (0.48 mg/g), clorofila total (1,89 mg/g) e atributos de rendimento como floração precoce (34,00 dias), aumento do número de flores (23,40), frutificação (87,54 %), diâmetro do fruto (2,26 cm), número de frutos por planta

(20,46), rendimento (201,30 g/por planta) e redução do comprimento do fruto (10,00 cm) do quiabeiro.

Tahir *et al.* (2019) estudaram uma experiência para avaliar o efeito de diferentes reguladores de crescimento de plantas (PGRs) aplicados através da preparação de sementes e pulverização foliar no crescimento e rendimento de três cultivares de quiabo cultivadas em solos calcários. As cultivares Punjab Selection e Sabz Pari produziram um número significativamente maior de ramos e folhas por planta, comprimento e diâmetro de vagens e rendimento de vagens em comparação com a cv. Green Ferry, enquanto a cv. Punjab Selection produziu um número significativamente maior de flores e vagens por planta, em comparação com as outras duas cultivares. A germinação das sementes (%), a altura das plantas e a frutificação (%) não foram afectadas pelas cultivares. Entre os tratamentos com PGR, a semente preparada com GA3 resultou em uma porcentagem de germinação significativamente maior e maior altura de planta na floração. A preparação da semente e a pulverização foliar com NAA e GA3 foram eficazes no aumento da altura final da planta, número de ramos, número de folhas, número de flores e número de vagens por planta e frutificação (%), peso fresco por vagem e produção de vagens. No entanto, o diâmetro da vagem, o teor de humidade da vagem e o peso seco por vagem não foram influenciados pelos tratamentos PGR aplicados. Estes resultados sugerem que os PGRs têm um grande potencial para melhorar a germinação de sementes, aumentar o crescimento e aumentar a produção de cultivares de quiabo em solos calcários.

Bidave e Munde (2020) relataram que, entre os retardadores de crescimento, o cycocel @ 500ppm foi eficaz para diminuir a altura da planta (50,91 cm), aumentando o número de entrenós por planta (15,16), diminuindo o comprimento internodal (1,94 cm), aumentando o número de ramos por planta (1,85) e também menos dias para a primeira floração (17,61) e 50% de floração (20,06) no quiabo.

Munde e Dhondiram (2020) observaram que, entre diferentes concentrações, o cycocel @ 500 ppm foi benéfico para atributos de produção como comprimento do fruto (11,38 cm), diâmetro do fruto (2,04 cm) e número de frutos verdes por planta (25,72), peso fresco do fruto e produção total de frutos (137,82 q/ha) em quiabo.

CAPÍTULO - III

MATERIAIS E MÉTODOS

O estudo intitulado **"Efeito do pinçamento apical e dos retardadores de crescimento na produção de sementes e seus parâmetros de qualidade do quiabo (*Abelmoschus esculentus* (L.) Moench.) cv. GO-6"** foi conduzido durante a *kharif* 2021 na Quinta *Sagdividi*, Departamento de Ciência e Tecnologia de Sementes, Faculdade de Agricultura, Universidade Agrícola de Junagadh, Junagadh. As observações laboratoriais sobre a qualidade das sementes no âmbito do estudo foram medidas no laboratório do Department of Seed Science and Technology, College of Agriculture, Junagadh Ag-ricultural University, Junagadh. Os pormenores relativos aos materiais utilizados e às técnicas adoptadas no decurso das investigações são apresentados a seguir:

3.1 Descrições gerais

3.1.1 Localização geográfica do sítio experimental

Junagadh pertence à zona agro-climática de Saurashtra Sul - VII do estado de Gujarat e está situada a 21,5° de latitude N e 70,5° de longitude E, com uma altitude de 60 metros acima do nível médio do mar.

3.1.2 Condições do solo

O solo do sítio experimental era preto médio, de origem aluvial e pobre em matéria orgânica.

3.1.3 Condições climáticas

O distrito de Junagadh pertence à zona agro-climática de Saurashtra Sul - VII de Gujarat. Esta região tem um clima típico caracterizado por um inverno bastante frio e seco, um verão quente e seco e uma monção quente e húmida. Recebe a precipitação através da monção do sudoeste, que se instala principalmente a partir de meados de junho e se retira no final de setembro ou na primeira quinzena de outubro. Mais de 80 por cento da precipitação total é recebida durante julho e agosto. A precipitação média desta zona é de 848,4 mm. A distribuição incerta ao longo do menor número de dias de chuva é uma caraterística comum da estação das chuvas. O fracasso parcial da monção uma vez em cada três ou quatro anos é comum na região. Junagadh tem um clima tropical de monção com três estações distintas: monção, inverno e verão. O inverno começa no mês de novembro e prolonga-se até meados de fevereiro. janeiro é o mês mais frio do ano. A estação do verão começa em meados de fevereiro e termina em meados de junho. abril e maio são os meses mais quentes do ano.

3.1.4 Cultura anterior no sítio experimental

A soja foi cultivada anteriormente no sítio experimental.

3.1.5 Origem das sementes

O material experimental incluía sementes geneticamente puras de GO-6 (Gujarat Okra 6), que foram obtidas do cientista de investigação (alho e cebola), Estação de Investigação de Vegetais, Universidade Agrícola de Junagadh, Junagadh.

3.2 Acções culturais

3.2.1 Preparação do terreno

Durante a experimentação, o terreno foi lavrado com charrua de aiveca, seguida de duas gradagens para tornar o solo fino, de modo a facilitar a sementeira. Os resíduos da cultura anteríor e as ervas daninhas foram recolhidos e removidos da área experimental. O terreno foi nivelado com a ajuda de uma prancha.

3.2.2 Aplicação de fertilizantes

A dose total recomendada de fertilizantes (100:50:50 kg NPK/ha) no quiabo, metade da dose recomendada de N (50 kg/ha) e a dose completa de P2O5 e K_2O (50 kg/ha) foi aplicada como dose basal em cada parcela sob a forma de ureia e fosfato de diamónio e incorporada bem no solo antes de semear a experiência nas estações. Os restantes 50 kg/ha de azoto foram aplicados como cobertura na fase de floração sob a forma de ureia.

3.2.3 Método de sementeira

As sementes de quiabo foram semeadas por dibbling em condições de campo favoráveis. As sementes foram semeadas à mão a dois ou três cm de profundidade na linha marcada anteriormente. A distância entre linhas de 60 cm e a distância entre plantas de 30 cm foi mantida durante a sementeira. As combinações de tratamento [P0 - Sem pinchamento (T0-T12), P1 - Pinchamento apical aos 20DAS (T0-T12), P2 - Pinchamento apical aos 30DAS (T0-T12)]. As sementes tratadas de quiabo da variedade Gujarat Okra-6 com diferentes concentrações de retardadores de crescimento de plantas, conforme os tratamentos, foram semeadas pela manhã em 24 de julho durante a *kharif* 2021.

3.2.4 Irrigação

Logo após a sementeira, as parcelas experimentais foram ligeiramente irrigadas para garantir uma germinação uniforme e um estande de plantas adequado, enquanto as irrigações subsequentes foram dadas ao campo experimental de acordo com as necessidades da cultura em ambas as estações.

3.2.5 Cuidados posteriores

As operações necessárias após o tratamento, tais como monda manual, intercalação de culturas e medidas de proteção das plantas foram realizadas como e quando necessário para manter uma cultura de sementes boa e saudável. A cultura foi pulverizada com Profenophos 40 EC @ 10 ml por 10 litros de água + Deltametrina 2,5% EC @ 10 ml por 10 litros de água aos 30, 45 e 60 DAS para controlar a broca do fruto e do rebento e outras pragas sugadoras durante ambas as estações.

3.2.6 Colheita, debulha e limpeza

Os frutos foram colhidos quando estavam completamente maduros e secos, abrindo-se ao longo das suturas, para evitar que se partissem. Os frutos foram colhidos com as mãos e debulhados, debulhando as sementes com as mãos, e recolhidos em sacos de polietileno. Estas sementes foram limpas e secas até um teor de humidade de pelo menos 10% e mantidas em sacos de polietileno para observações laboratoriais.

3.3 Retardadores de crescimento

Os retardadores de crescimento das plantas utilizados na presente experiência, *nomeadamente* o Cycocel (CCC) e o di-hidrogenofosforeto de potássio (KH_2PO_4), foram obtidos no Departamento de Ciência e Tecnologia das Sementes, Faculdade de Agricultura, Universidade Agrícola de Junagadh, Junagadh.

3.3.1 Preparação da solução de retardadores de crescimento das plantas

3.3.1.1 Cycocel (cloromequato): 200 ppm

Dissolver 0,2 ml de ciclocel (CCC) em 1000 ml de água.

3.3.1.2 Cycocel (cloromequato): 400 ppm

Dissolver 0,4 ml de ciclocel em 1000 ml de água.

3.3.1.3 Di-hidrogenofosfato de potássio (KH_2PO_4), 5000 ppm.

Dissolveram-se completamente 5 g de KH_2PO_4 em 1000 ml de água.

3.3.1.4 Di-hidrogenofosfato de potássio (KH_2PO_4) 10 000 ppm

Dissolveram-se 10 g de KH_2PO_4 em 1000 ml de água.

3.4 Detalhes da disposição e da experiência

A experiência foi conduzida na Quinta *Sagdividi*, Departamento de Ciência e Tecnologia de Sementes, Universidade Agrícola de Junagadh, Junagadh, durante a época de *kharif*, 2021, em Design de Blocos Aleatórios (Fatorial), em que as combinações de tratamento juntamente com o seu símbolo em 3.4.1.

3.4.1: Combinações de tratamento

Fator 1: Pinçamento apical (P): 3

P0 Sem beliscar

P1   Pinçamento apical a 20DAS

P2   Pinçamento apical a 30DAS

fator 2: Tratamentos (T): 13

T0   Controlo (não pulverizado)

T1   Imersão das sementes em cycocel 200 ppm antes da sementeira durante 16 horas

T2   Aplicação foliar em cycocel 200 ppm a 30 DAS

T3   T1+T2

T4   Imersão das sementes em cycocel 400 ppm antes da sementeira durante 16 horas

T5   Aplicação foliar em cycocel 400 ppm aos 30 DAS

T6   T4 + T5

T7   Embebição das sementes em KH2PO4 5000 ppm antes da sementeira durante 16 horas

T8   Aplicação foliar em KH2PO4 5000 ppm a 30 DAS

T9   T7+ T8

T10   Embebição das sementes em KH2PO4 10.000 ppm antes da sementeira durante 16 horas

T11   Aplicação foliar em KH2PO4 10.000 ppm aos 30 DAS

T12   T10 + T11

3.4.2	**Cultura e variedade:**	Quiabo, quiabo de Gujarat 6
3.4.3	**Ano da experiência:**	2021
3.4.4	**Época:**	*Quaresma*
3.4.5	**Conceção experimental:**	FRBD, FCRD
3.4.6	**Réplicas:**	Três
3.4.7	**N.º total de tratamentos**	39
3.4.8	**Espaçamento**	60×30
3.4.9	**Tamanho da parcela**	$3 \times 2.4 \ m^2$

Quadro 3.1: Combinações de tratamento e respetivo símbolo

S. Não.	Combinações de tratamento	Símbolo
Sem pinçamento apical (P0)		
1.	Para	P0T0
2.	T1	P0T1
3.	T2	P0T2
4.	T3	P0T3
5.	T4	P0T4
6.	T5	P0T5
7.	T6	P0T6
8.	T7	P0T7
9.	T8	P0T8
10.	T9	P0T9

11	T10	P0T10
12	T11	P0T11
13	T12	P0T12
Pinçamento apical a 20		**DAS(P1)**
1.	T0	P1T0
2.	T1	P1T1
3.	T2	P1T2
4.	T3	P1T3
5.	T4	P1T4
6.	T5	P1T5
7.	T6	P1T6
8.	T7	P1T7
9.	T8	P1T8
10.	T9	P1T9
11	T10	P1T10
12	T11	P1T11
13	T12	P1T12
Pinçamento apical a 30		**DAS(P2)**
1.	T0	P2T0
2.	T1	P2T1
3.	T2	P2T2
4.	T3	P2T3
5.	T4	P2T4
6.	T5	P2T5
7.	T6	P2T6
8.	T7	P2T7
9.	T8	P2T8
10.	T9	P2T9
11	T10	P2T10
12	T11	P2T11
13	T12	P2T12

3.5 . Observações registadas

3.5.1 Observações no terreno

3.5.1.1 Altura da planta (cm)

A altura da planta foi medida desde o nível do solo até à ponta do caule principal em cinco plantas marcadas anteriormente, 30, 60 e 90 dias após a sementeira e a colheita. A altura média foi calculada e expressa em centímetros.

3.5.1.2 Número de folhas por planta

O número total de folhas por planta foi contado manualmente aos 30, 60 e 90 dias após a sementeira e a colheita das plantas mais cedo marcadas ao acaso. A média de cinco plantas foi calculada e expressa em número.

3.5.1.3 Dias para o início da floração

Em cada tratamento, as cinco primeiras plantas marcadas foram observadas todos os dias para a iniciação da primeira flor a partir do 35.o[th] dia após a sementeira até 50 % das plantas iniciarem a floração, tendo este dia sido registado como dias para a iniciação da flor a partir da data da sementeira.

3.5.1.4 Dias até à colheita

A perda completa da cor verde, seguida do desenvolvimento da cor castanha, a abertura de fissuras na ponta do fruto e a coloração negra acinzentada das sementes são indicações de maturidade e este dia foi registado e calculado a partir da data de sementeira. Este dia foi registado e calculado a partir da data de sementeira, sendo expresso em dias até à colheita.

3.5.1.5 Número de ramos por planta

O número de ramos foi registado a partir das cinco plantas marcadas anteriormente aquando da colheita. O número médio de ramos por planta foi calculado e expresso em número.

3.5.1.6 Número de frutos por planta

Os frutos colhidos em cinco plantas marcadas anteriormente foram contados e a média foi calculada e expressa em número de frutos por planta.

3.5.1.7 Comprimento do fruto (cm)

O comprimento de cinco frutos maduros seleccionados aleatoriamente de plantas marcadas foi medido em centímetros desde a ponta do fruto até ao ponto de fixação ao pedicelo. A média dos cinco frutos medidos foi calculada e expressa em cm.

3.5.1.8 Perímetro do fruto

O perímetro foi medido no centro do fruto com a ajuda de um compasso de calibre vernier. A média dos cinco perímetros dos frutos foi calculada e expressa em centímetros.

3.5.1.9 Peso seco do fruto (g)

Os frutos secos foram colhidos de cinco plantas de cada tratamento e de cada repetição para registar o peso. O peso médio por fruto foi calculado e expresso em gramas por fruto.

3.5.1.10 Número de sementes por fruto

Os dez frutos utilizados para medir o comprimento e a circunferência foram utilizados para registar o número de sementes por fruto. As sementes de cada fruto foram separadas manualmente e contadas. A média dos dez frutos foi calculada e expressa em números.

3.5.1.11 Rendimento de sementes por planta (g)

As sementes foram extraídas dos frutos de cinco plantas anteriores marcadas ao acaso. O peso das sementes de cada parcela foi registado cuidadosamente com a ajuda de uma balança eletrónica. A média das cinco plantas foi calculada e expressa em gramas por planta.

3.5.2 Parâmetros de qualidade das sementes

3.5.2.1 Peso de cem sementes (g)

O peso de cem sementes em gramas foi registado para cada combinação de tratamento de acordo com o procedimento dado pela ISTA (Anon., 1996).

3.5.2.2 Diâmetro da semente (mm)

Foram recolhidas aleatoriamente dez sementes de cada tratamento. O diâmetro das sementes foi medido no centro das sementes usando um paquímetro. A média de dez leituras foi calculada e expressa em mm.

3.5.2.3 Germinação

O teste de germinação em laboratório foi conduzido de acordo com o procedimento ISTA (Anon., 1996), adoptando o método "Top of the paper". 100 sementes recém-colhidas em três repetições foram retiradas ao acaso do lote de sementes de cada tratamento e colocadas uniformemente em papel de germinação. As placas de Petri foram mantidas no germinador, onde a temperatura foi mantida a $25 \pm 0,5^\circ$ C e a humidade relativa a 95 ± 1 por cento. As contagens finais foram efectuadas no décimo dia do teste de germinação para plântulas normais e expressas em percentagem.

3.5.2.4 Peso seco das plântulas (mg)

Dez plântulas pesadas para medir o peso foram secas em estufa a uma temperatura de 110 °C durante 17 horas e expressas em miligramas.

3.5.2.5 Índice de vigor das plântulas I (comprimento)

A combinação do teste de germinação padrão com o comprimento das plântulas fornece uma estimativa do índice de vigor das plântulas. O índice de vigor das plântulas (comprimento) foi calculado de acordo com o procedimento prescrito por Abdul-Baki e Anderson (1973).

Índice de vigor das plântulas I = Germinação (%) x Comprimento das plântulas (cm)

3.5.2.6 Índice de vigor das plântulas II (massa)

O índice de vigor das plântulas (massa) foi determinado pela multiplicação da percentagem de germinação pelo peso seco das plântulas no dia da contagem final, de acordo com o procedimento prescrito por Abdul-Baki e Anderson (1973).

Índice de vigor das plântulas II = Germinação (%) x Peso seco das plântulas (mg)

3.5.2.7 Comprimento das plântulas (cm)

O comprimento das plântulas (cm) foi calculado como

 Comprimento da plântula (cm) = Comprimento da raiz (cm) + Comprimento do rebento (cm)

3.6 Análise estatística

Os dados experimentais recolhidos no campo foram analisados estatisticamente através da adoção de um desenho de blocos aleatórios (Fatorial) e no laboratório foram analisados estatisticamente através da adoção de um desenho completamente aleatório (Fatorial), tal como descrito por Cochran e Cox (1957). As diferenças críticas foram calculadas ao nível de 5 por cento, onde o teste 'F' foi considerado significativo.

Foi efectuada a análise estatística dos seguintes aspectos:

1.   Análise de variância para o desenho de blocos aleatórios (Fatorial) para as observações registadas no campo (Experiência de campo).

2.   Análise de variância para o desenho completamente aleatório (Fatorial) para observações registadas no laboratório (Experiência laboratorial).

Os caracteres: altura da planta (cm), número de folhas por planta, dias para o início da floração, dias para a colheita, número de ramos por planta, número de frutos por planta, comprimento do fruto (cm), perímetro do fruto (cm), peso seco do fruto (g), número de sementes por fruto e rendimento de sementes por planta (g) foram analisados através de um projeto de blocos aleatórios (Fatorial).

Os caracteres: peso de cem sementes, diâmetro da semente (mm), germinação, peso seco da plântula (mg), índice de vigor da plântula-I (comprimento), índice de vigor da plântula-II (massa) e comprimento da plântula foram analisados por meio de um projeto completamente aleatório (fatorial).

3. 6.1 Desenho de blocos aleatórios (Fatorial)

A análise de variância para o desenho de blocos aleatórios (Fatorial) foi calculada de acordo com o método de Cochran e Cox (1957), que se baseia no seguinte modelo matemático

$Y_{ijk} = \mu + r_k + a_i + b_j + (ab)_{ij} + e_{ijk}$

Onde,

Y_{ijk} = Expressão fenotípica do nível i^{th} do fator A e do nível j^{th} do fator

fator B em k^{th} replicação,

μ = Média da população,

r_k =Efeito   da replicaçãok^{th} ,

a_i =Efeito   do níveli^{th} do fator A,

b_j =Efeito do nível j^{th} do fator B,

$(ab)_{ij}$ =Efeito da interação entre o i^{th} nível do fator A e o j^{th} nível do fator B, e

e_{ijk} = Erro aleatório associado à k^{th} replicação na célula (i, j).

A forma de análise de variância apresentada no Quadro 3.2 foi construída para caracteres individuais, *nomeadamente,* altura da planta (cm), número de folhas por planta, dias para o início da floração, dias para a colheita, número de ramos por planta, número de frutos por planta, comprimento do fruto (cm), perímetro do fruto (cm), peso seco do fruto (g), número de sementes por fruto e rendimento de sementes por planta (g).

Quadro 3.2: A estrutura da ANOAVA para RBD (Fatorial)

Fonte de variação	d.f	S.S	M.S	Cal F
Replicação	(R-1)	SSR	MSR	MSR / MSE
Fator (A)	(A-1)	SSA	EMA	MSA/ MSE
Fator (B)	(B-1)	SSB	MSB	MSB / MSE
Interação	(A-1) (B-1)	SSAB	MSAB	MSAB/MSE
Erro (E)	(AB-1) (R-1)	SSE	MSE	
Total	(ABR-1)	SST		

Onde,

R = Número de repetições,

A =Número de tratamentos no primeiro fator,

B = Número de tratamentos no segundo fator,

SSR= Soma dos quadrados devido à replicação,

SSA= Soma dos quadrados devidos aos tratamentos no fator A,

SSB= Soma dos quadrados devidos aos tratamentos no fator B,

SSAB= Soma dos quadrados devido à interação dos tratamentos no fator A e no fator B,

SSE= Soma dos quadrados devidos ao erro,

SST= Soma total dos quadrados,

MSR= Quadrado médio devido à replicação,

MSA= Quadrado médio devido aos tratamentos no fator A,

MSB =Quadrado médio devido aos tratamentos no fator B,

MSAB= Quadrado médio devido à interação dos tratamentos no fator A x fator B e

MSE= Quadrado médio devido ao erro.

Os quadrados médios devidos a diferentes fontes foram testados em relação ao quadrado médio do erro (MSE) através do cálculo dos valores 'F'.

O erro padrão da média (S.Em.) foi calculado utilizando a seguinte fórmula.

$$\text{S.Em para o fator A} = \sqrt{\frac{ErrorM.S}{rB}}$$

$$\text{S.Em para o fator B} = \sqrt{\frac{ErrorM.S}{rA}}$$

$$\text{S.Em para a interação do fator A} \times \text{B} = \sqrt{\frac{ErrorM.S}{r}}$$

A diferença crítica (D.C.) para comparar a média de quaisquer dois factores foi calculada utilizando a seguinte fórmula

$$C.D. = S.Em \times \sqrt{2} \times t$$

Onde,

"t" = Valor de tabela de "t" a um nível de significância de 5 por cento com um grau de liberdade de erro

O coeficiente de variação (C.V.) foi determinado de acordo com a seguinte fórmula.

$$C.V. (\%) = \frac{\sqrt{EMS}}{\bar{X}} \times 100$$

Onde,

X = Média geral

3.6.2 Desenho completamente aleatório (Fatorial)

A análise de variância para o desenho completamente aleatório (Fatorial) foi calculada de acordo com o método de Cochran e Cox (1957), que se baseia no seguinte modelo matemático

$Y_{ijk} = \mu + a_i + b_j + (ab)_{ij} + e_{ijk}$

Onde,

Y_{ijk} = Expressão fenotípica de i^{th} nível do fator A e j^{th}

nível do fator B em k^{th} replicação,

μ=Média da população ,

a_i =Efeito do i^{th} nível do fator A,

b_j =Efeito do j^{th} nível do fator B,

$(ab)_{ij}$ =Efeito da interação entre o nível i^{th} do fator

A e j^{th} nível do fator B e

e_{ijk} = Erro aleatório associado a kth replicação na célula (i, j).

A forma de análise de variância como apresentada na Tabela 3.3 foi construída para caracteres individuais *viz.*, peso de cem sementes, diâmetro de sementes (mm), germinação, peso seco de plântulas (mg), índice de vigor de plântulas-I (comprimento), índice de vigor de plântulas-II (massa) e comprimento de plântulas.

Quadro 3.3: A estrutura da ANOVA da CRD (Fatorial)

Fonte de variação	d.f	S.S	M.S	Cal F
Fator (A)	A-1	SS_A	EM_A	MS_A / MS_E
Fator (B)	B-1	SS_B	MS_B	MS_B / MS_E
Interação	(A-1) (B-1)	SS_{AB}	MS_{AB}	MS_{AB} / MS_E
Erro (E)	(AB) (R-1)	SS_E	MS_E	
Total	(ABR-1)			

Onde,

R = Número de repetições,

A = Número de tratamentos no primeiro fator,

B = Número de tratamentos no segundo fator, SS_A= Soma dos quadrados devidos aos tratamentos no fator A, SSB = Soma dos quadrados devidos aos tratamentos no fator B.

SS_{AB} = Soma dos quadrados devido à interação dos tratamentos no fator A e no fator B, SSE =

Soma dos quadrados devido ao erro,

MSA= Quadrado médio devido aos tratamentos no fator A,

MSB = Quadrado médio devido aos tratamentos no fator B,

MSAB = Quadrado médio devido à interação dos tratamentos no fator A e no fator B, e

MSE= quadrado médio devido ao erro.

Os quadrados médios devidos às diferentes fontes foram testados em relação ao quadrado médio do erro (Me) através do cálculo dos valores "F".

O erro padrão da média (S. Em.) foi calculado utilizando a seguinte fórmula.

S.Em para o fator
$$A = \sqrt{\frac{ErrorMS}{rB}}$$

S.Em para o fator
$$B = \sqrt{\frac{ErrorMS}{rA}}$$

S.Em para a interação do fator A× B =
$$\sqrt{\frac{ErrorMS}{r}}$$

A diferença crítica (D.C.) foi calculada através da seguinte fórmula.

$$C.D. = S.Em \times \sqrt{2} \times t$$

Onde,

"t" = Valor de tabela de "t" a um nível de significância de 5 por cento com um grau de liberdade de erro

O coeficiente de variação (C.V.) foi determinado de acordo com a seguinte fórmula

$$C.V.\,(\%) = \frac{\sqrt{EMS}}{\bar{X}} \times 100$$

Onde,

$$X = \text{Média geral}$$

CAPÍTULO - IV

RESULTADOS EXPERIMENTAIS

Resultado da experiência de campo efectuada na *Sagdividi* Farm, Department of Seed Science and Technology, College of Agriculture, Junagadh Agricultural University, Junagadh. As observações laboratoriais sobre a qualidade das sementes foram medidas no laboratório do Departamento de Ciência e Tecnologia de Sementes, Faculdade de Agricultura, Universidade Agrícola de Junagadh, Junagadh, para determinar o efeito do pinçamento apical e dos retardadores de crescimento no rendimento e na qualidade das sementes de quiabo durante a *kharif* 2021. Os resultados relativos aos caracteres individuais são descritos a seguir.

4.1 Análise de variância para o projeto experimental.

4.2 Efeitos de vários factores e suas interacções em diferentes caracteres.

4.1 ANÁLISE DE VARIÂNCIA PARA O PROJECTO EXPERIMENTAL.

A análise de variância revelou a existência de uma diferença significativa entre o pinchamento apical e os retardadores de crescimento para todos os caracteres de rendimento e seus contribuintes estudados (Quadro 4.1) e uma diferença significativa entre o pinchamento apical e os retardadores de crescimento para os caracteres de qualidade da semente estudados (Quadro 4.2).

Os quadrados médios devidos aos efeitos da interação entre o pinchamento apical e os retardadores de crescimento foram significativos para a altura da planta (cm) aos 30 DAS, número de folhas aos 30 DAS, comprimento do fruto (cm), produção de sementes por planta (g), peso seco do fruto (g), dias para o início da floração, enquanto a altura da planta aos 60, 90 DAS e dias para a colheita, número de folhas aos 60, 90 DAS e dias para a colheita, número de frutos por planta, perímetro do fruto (cm), número de sementes por fruto, dias para a colheita e número de ramos por planta foram considerados não significativos para a produção e seus caracteres contribuintes (Tabela 4.1).

Os quadrados médios devidos aos efeitos da interação entre o pinçamento apical e os retardadores de crescimento foram considerados altamente significativos para o peso seco das plântulas (mg), enquanto o peso de cem sementes, o diâmetro das sementes, a percentagem de germinação, o comprimento das plântulas, o índice de vigor das plântulas-I (comprimento) e o índice de vigor das plântulas-II (massa) foram considerados não significativos para os caracteres de qualidade das sementes (Quadro 4.2).

Quadro 4.1 Análise de variância para o desenho experimental dos retardadores de crescimento em

diferentes caracteres que contribuem para o crescimento e o rendimento do quiabeiro

Fonte de variação	d.f. -	Soma média dos quadrados para a altura das plantas (cm)			
		30 DAS	60 DAS	90 DAS	Colheita
Replicação	2	0.48	0.79	3.70	2.20
Pinçamento apical (P)	2	17.08**	6.17**	5.07*	15.10**
Retardadores de crescimento (T)	12	39.75**	128.93**	72.93**	66.91**
P × T	24	1.36**	1.44	2.67	2.67
Erro	76	0.30	0.91	1.62	1.63

Fonte de variação	d.f.	Soma média dos quadrados para o número de folhas			
		30 DAS	60 DAS	90 DAS	Colheita
Replicação	2	0.05	0.36	0.05	0.08
Pinçamento apical (P)	2	2.40**	6.46**	7.44**	18.61**
Retardadores de crescimento (T)	12	24.47**	33.15**	23.15**	39.44**
P × T	24	0.21*	0.17	0.46	0.29
Erro	76	0.12	0.15	0.28	0.18

Fonte de variação	d.f.	Dias para o início da floração	Dias para a colheita	Número de ramos por planta	Número de frutos por planta
Replicação	2	0.13	1.11	0.05	0.22
Pinçamento apical (P)	2	72.38**	56.32**	0.14*	7.70**
Retardadores de crescimento (T)	12	112.64**	213.10**	4.74**	47.82**
P × T	24	4.00**	2.48	0.07	0.30
Erro	76	0.58	1.51	0.04	0.18

Fonte de variação	d.f.	Comprimento do fruto (cm)	Perímetro do fruto (cm)	Peso seco do fruto (g)	Número de sementes por fruto
Replicação	2	0.51	0.04	0.01	1.20
Pinçamento apical (P)	2	3.18**	0.21	3.14**	21.26**
Retardadores de crescimento (T)	12	28.54**	2.14**	6.61**	70.36**
P × T	24	0.62**	0.11	0.24**	1.32
Erro	76	0.17	0.09	0.07	0.80

Fonte de variação	d.f.	Rendimento de sementes por planta
Replicação	2	0.58
Pinçamento apical (P)	2	179.96**
Retardadores de	12	9.60**
P × T	24	6.28**
Erro	76	0.22

Quadro 4.2 Análise de variância para o desenho experimental dos retardadores de crescimento em
caracteres de qualidade das sementes de quiabo

Fonte de variação	d.f.	Peso de cem sementes (g)	Diâmetro da semente (mm)	Germinação (%)	Comprimento da plântula (cm)
Pinçamento apical (P)	2	0.31*	0.20**	8.16	14.87**
Retardadores de crescimento (T)	12	3.35**	0.27**	28.71**	36.93**
P × T	24	0.11	0.01	0.21	0.91
Erro	76	0.07	0.04	8.25	0.55

Fonte de variação	d.f.	Peso seco das plântulas (mg)	Índice de vigor I (comprimento)	Índice de vigor II (massa)
Pinçamento apical (P)	2	19.30**	150583.34**	192908.07**
Retardadores de crescimento (T)	12	39.94**	409287.87**	452654.68**
P × T	24	1.69**	9910.04	13798.21
Erro	76	0.39	6006.09	8362.55

*, ** Significativo aos níveis de 5% e 1%, respetivamente

4.2 EFEITOS DE VÁRIOS FACTORES E SUAS INTERACÇÕES EM DIFERENTES CARACTERES.

4.2.1 Parte A: Efeitos do pinçamento apical e dos retardadores de crescimento em diferentes caracteres que contribuem para o crescimento e a produção do quiabeiro.

4.2.1.1 Altura da planta (cm)

Os resultados sobre a altura da planta influenciada pelo pinçamento apical, retardadores de crescimento e seus efeitos de interação são apresentados no Quadro 4.3.

A altura das plantas diminuiu com o pinçamento e os retardadores de crescimento. Em média, a altura da planta registada aos 30, 60, 90 e colheita foi de 23,90, 59,19, 103,34 e 106,58 cm, respetivamente.

4.2.1.1.1 Efeito do pinçamento apical

O pinçamento apical afetou significativamente a altura da planta aos 30, 60, 90 DAS e na colheita. A altura mínima da planta foi registada com o pinçamento apical aos 30 DAS (P_2) 23.38, 58.85, 102.94 e 105.96 cm seguido pelo pinçamento aos 20 DAS (P_1) 23.66, 59.10, 103.46 e 106.58 cm e na colheita, respetivamente. A altura máxima da planta foi observada no tratamento sem pinçamento (P_0) 24,64 cm, 59,63 cm, 103,63 cm, 107,20 cm 30, 60, 90 DAS, respetivamente.

Tabela 4.3: Efeitos do pinçamento apical e dos retardadores de crescimento na altura das plantas (cm) em quiabos

Tratamentos	Altura da planta (cm) a 3o DAS	Altura da planta (cm) a 60 DAS	Altura da planta (cm) a 90 DAS	Altura da planta (cm) na colheita

	Pinçamento apical				
P0 -	**Sem beliscar**	**24.64**	**59.63**	**103.63**	**107.20**
P1 -	Pinçamento apical aos 20 DAS	23.66	59.10	103.46	106.58
P2 -	**Pinçamento apical aos 30 DAS**	**23.38**	**58.85**	**102.94**	**105.95**
	S.Em. ±	0.09	0.15	0.20	0.20
	C.D. a 5 %	0.25	0.43	0.57	0.58

	Retardadores de crescimento				
T0 -	**Controlo (não pulverizado)**	**26.95**	**64.80**	**109.31**	**110.80**
T1 -	Imersão das sementes em cycocel 200 ppm antes da sementeira, durante 16 horas	24.09	59.12	102.36	106.84
T2 -	Aplicação foliar em cycocel 200 ppm aos 30 DAS	23.80	59.01	102.05	106.82
T3 -	T1 + T2	23.53	59.26	101.84	106.84
T4 -	**Imersão das sementes em cycocel 400 ppm** antes da sementeira, durante 16 horas	**2o.9o**	**52.97**	**99.98**	**101.69**
T5 -	Aplicação foliar em cycocel 400 ppm aos 30 DAS	21.23	54.03	100.53	103.19
T6 -	T3 + T4	21.15	53.54	100.44	102.18
T7 -	Imersão das sementes em KH2PO4 5000 ppm antes da sementeira durante 16 horas	26.22	62.70	105.97	108.49
T8 -	Aplicação foliar em KH2PO4 5000 ppm aos 30 DAS	26.54	63.26	106.66	109.24
T9 -	T7 + T8	26.39	62.93	106.45	108.95
T10 -	Embebição de sementes em KH2PO4 10.000 ppm antes da sementeira durante 16 horas	23.41	59.40	102.61	106.80
T11 -	Aplicação foliar em KH2PO4 10.000 ppm aos 30 DAS	23.47	59.57	102.76	106.84
T12 -	T10 + T11	22.99	58.93	102.48	106.86
	S.Em. ±	0.18	0.32	0.42	0.43
	C.D. a 5 %	0.51	0.90	1.19	1.20

P × T				
Po × To	**27.00**	**64.97**	**109.65**	**111.06**
P0 × T1	25.37	59.91	101.93	106.68
P0 × T2	25.00	59.88	101.81	106.63
P0 × T3	24.85	59.92	101.44	106.63
P0 × T4	21.48	53.11	100.86	103.39
P0 × T5	21.58	54.07	101.21	105.57
P0 × T6	21.56	53.48	101.12	103.96
P0 × T7	26.58	63.19	107.00	109.21
P0 × T8	26.80	63.75	108.01	110.45
Po × T9	26.68	63.59	107.93	109.94

Quadro 4.3 Cont...

Po × Tio	24.39	59.94	102.16	106.60
P0 × T11	24.85	59.92	102.11	106.53

	30 DAS	60 DAS	90 DAS	Colheita
Po × T12	24.24	59.44	101.98	106.97
P1 × Para	26.95	64.72	109.26	110.84
P1 × T1	24.16	59.66	103.50	107.44
P1 × T2	23.85	59.56	102.87	107.39
P1 × T3	23.69	59.93	102.76	107.10
P1 × T4	**20.00**	**52.44**	**99.19**	**101.50**
P1 × T5	2o.73	53.34	99.87	103.23
P1 × T6	2o.57	53.o1	99.80	102.22
P1 × T7	25.63	62.oo	105.02	108.42
P1 × T8	26.26	62.87	105.59	109.13
P1 × T9	26.oo	62.3o	105.33	108.85
P1× T1o	23.56	59.99	104.32	106.78
P1× T11	23.32	59.98	103.75	106.40
P1× T12	22.91	58.54	103.69	106.25
P2 × Para	26.9o	64.7o	109.02	110.50
P2 × T1	22.73	57.8o	101.65	106.40
P2 × T2	22.54	57.6o	101.48	106.44
P2 × T3	22.o4	57.94	101.33	106.78
P2 × T4	21.23	53.35	99.89	100.19
P2 × T5	21.38	54.69	100.51	100.79
P2 × T6	21.32	54.12	100.42	100.36
P2 × T7	26.45	62.91	105.88	107.84
P2 × T8	26.57	63.14	106.37	108.15
P2 × T9	26.5o	62.91	106.08	108.04
P2 × T1o	22.28	58.27	101.34	107.01
P2 × T11	22.25	58.82	102.43	107.58
P2 × T12	21.81	58.80	101.79	107.37
Média	**23.90**	**59.19**	**103.34**	**106.58**
S.Em. ±	**0.32**	**0.55**	**0.73**	**0.74**
C. D. a 5 %	**0.89**	**NS**	**NS**	**NS**
C. V %	**11.18**	**12.40**	**12.51**	**12.37**

4.2.1.1.2 Efeito dos retardadores de crescimento

A altura da planta diferiu significativamente devido aos retardadores de crescimento aos 30, 60, 90 DAS e na colheita. O CCC 400 ppm (T4) registou uma diminuição significativa da altura das plantas (20,90 cm) e (52,97 cm) aos 30 e 60 DAS, respetivamente. A altura máxima da planta foi encontrada no controlo T0 (26,95 cm) aos 30 DAS. Tendência semelhante foi registada aos 60 DAS, 90 DAS e na colheita.

4.2.1.1.3 Efeito de interação

A interação entre o pinching apical e os retardadores de crescimento é significativa para a altura da planta aos 30 DAS e não é significativa aos 60, 90 DAS e na colheita. O P0T0 obteve a maior altura de planta (27,00 cm) e foi igual ao P1T0 (26,95 cm), P2T0 (26,90 cm) aos 30 DAS. Enquanto que a menor altura de planta foi observada no P1T4 (20,00 cm).

4.2.1.2 Número de folhas por planta

Os resultados sobre o número de folhas influenciado pelo pinçamento apical, retardadores de crescimento e seus efeitos de interação são apresentados no Quadro 4.4.

O número de folhas diminuiu com o pinching e com os retardadores de crescimento. Em média, o número de folhas registado aos 30, 60, 90 e na colheita foi de 11,06, 14,47, 17,40 e 13,27, respetivamente.

4.2.1.2.1 Efeito do pinçamento apical

O pinçamento apical afectou significativamente o número de folhas aos 30, 60, 90 DAS e na colheita. O número máximo de folhas foi registado com (P1) 11.29, 14.83, 17.86 e 13.91 que foi seguido por (P0) 11.09, 14.55, 17.35 e 13.35 comparado com (P2) 10.80, 14.03, 16.99 e 12.54 aos 30, 60, 90 DAS e na colheita, respetivamente.

4.2.1.2.2 Efeito dos retardadores de crescimento

O número de folhas por planta diferiu significativamente devido aos retardadores de crescimento aos 30, 60, 90 DAS e na fase de colheita. O número de folhas por planta significativamente mais elevado registado no CCC 400 ppm (T6) foi de 12,97, 17,09 e 19,01 aos 30, 60 e 90 DAS, o que foi semelhante ao CCC 200 ppm (T3), mas diferiu significativamente dos outros tratamentos. O número mais baixo de folhas por planta foi observado no controlo T0 (7,85) aos 30 DAS. Tendência semelhante foi observada aos 60 e 90 DAS, mas na colheita o CCC 200 ppm (T3) reteve mais folhas por planta (16,06) seguido pelo CCC 400 ppm T6 (15,00). O menor número de folhas por planta foi observado no controlo T0 (10,20).

4.2.1.2.3 Efeito de interação

A interação entre o pinching apical e os retardadores de crescimento é significativa para o número de folhas aos 30 DAS e não é significativa aos 60, 90 DAS e na colheita. O P1T6 produziu um maior número de folhas (13,40) e foi igual ao P1T5 (12,96), P1T4 (12,94) e P0T6 (12,90) aos 30 DAS. Enquanto o número mínimo de folhas foi observado em P0T0 (7,72).

Tabela 4.4: Efeitos do pinçamento apical e dos retardadores de crescimento no número de folhas quiabo

	Tratamentos	Número de folhas a 30 DAS	Número de folhas em 60 DAS	Número de folhas a 90 DAS	Número de folhas em colheita
	Pinçamento apical				
Po -	**Sem beliscar**	**11.09**	**14.55**	**17.35**	**13.35**
P1 -	**Pinçamento apical aos 2o DAS**	**11.29**	**14.83**	**17.86**	**13.91**
P2 -	Pinçamento apical aos 30 DAS	1o.8o	14.o3	16.99	12.54
	S.Em. ±	o.o6	o.o6	0.08	0.07
	C.D. a 5 %	o.16	o.17	0.24	0.19
	Retardadores de crescimento				
Para -	**Controlo (não pulverizado)**	**7.85**	**11.82**	**14.18**	**10.20**
T1 -	Imersão das sementes em cycocel 200 ppm antes da sementeira durante 16 horas	11.82	15.33	18.38	15.91
T2 -	Aplicação foliar em cycocel 200	11.97	15.67	18.39	15.97

	ppm aos 30 DAS			
T3 -	$T_1 + T_2$	12.o4	15.85	18.48	**16.06**
T4 -	Imersão das sementes em cycocel 400 ppm antes da sementeira durante 16 horas	12.72	16.9o	18.89	14.45
T5 -	Aplicação foliar em cycocel 400 ppm aos 30 DAS	12.78	17.o2	18.93	14.63
T6 -	$T_3 + T_4$	**12.97**	**17.09**	**19.01**	15.00
T7 -	Embebição das sementes em KH2PO4 5000 ppm antes da sementeira durante 16 horas	11.14	13.55	17.60	11.73
T8 -	Aplicação foliar em KH2PO4 5000 ppm a 30 DAS	11.23	13.65	17.72	11.85
T9 -	$T_7 + T_8$	11.35	13.7o	17.79	12.18
T10 -	Embebição das sementes em KH2PO4 10.000 ppm antes da sementeira durante 16 horas	8.59	12.36	15.21	11.39
T11 -	Aplicação foliar em KH2PO4 10.000 ppm aos 30 DAS	9.25	12.53	15.68	11.51
T12 -	$T_{10} + T_{11}$	1o.o3	12.62	15.93	11.62
	S.Em. ±	o.12	o.13	0.18	0.14
	C.D. a 5 %	o.33	o.36	0.49	0.39

P × T				
$P_o \times T_o$	7.72	11.81	14.21	10.38
$P_0 \times T_1$	11.84	15.8o	18.29	15.98
$P_o \times T_2$	11.86	15.84	18.40	16.01
$P_o \times T_3$	11.96	15.92	18.49	16.12
$P_o \times T_4$	12.75	16.8o	18.92	14.62
$P_o \times T_5$	12.81	16.88	18.97	14.70
$P_o \times T_6$	12.90	17.00	19.05	15.14

Quadro 4.4 Cont...

P × T				
$P_o \times T_7$	11.30	13.70	17.55	11.75
$P_0 \times T_8$	11.41	13.80	17.65	11.87
$P_0 \times T_9$	11.42	13.85	17.71	12.30
$P_0 \times T_{10}$	9.02	12.50	15.31	11.36
$P_0 \times T_{11}$	9.55	12.60	15.42	11.63
$P_0 \times T_{12}$	9.61	12.63	15.51	11.70
$P_1 \times T_o$	8.29	11.84	14.35	10.25
$P_1 \times T_1$	11.99	16.00	18.60	16.19
$P_1 \times T_2$	12.39	16.14	18.59	16.30
P1 × T3	12.40	16.20	18.67	**16.35**
$P_1 \times T_4$	12.94	17.21	19.17	15.21
$P_1 \times T_5$	12.96	17.45	19.20	15.33
P1 × T6	**13.40**	**17.50**	**19.26**	15.51
$P_1 \times T_7$	11.58	13.87	17.86	12.61

	11.60	13.90	18.04	12.82
P1 × T8	11.60	13.90	18.04	12.82
P1 × T9	11.60	13.96	18.17	13.17
P1× T10	8.43	12.73	15.95	12.30
P1× T11	8.98	12.98	17.12	12.34
P1× T12	10.20	13.01	17.19	12.48
P2× T0	7.55	11.80	13.97	9.98
P2 × T1	11.61	14.20	18.24	15.54
P2 × T2	11.68	15.02	18.19	15.59
P2 × T3	11.75	15.44	18.27	15.70
P2 × T4	12.48	16.70	18.58	13.52
P2× T5	12.57	16.74	18.62	13.86
P2 × T6	12.62	16.77	18.71	14.34
P2 × T7	10.54	13.08	17.39	10.81
P2× T8	10.70	13.24	17.46	10.86
P2 × T9	11.03	13.30	17.48	11.07
P2 × T10	8.31	11.85	14.37	10.51
P2 × T11	9.21	12.00	14.51	10.56
P2 × T12	10.27	12.22	15.08	10.66
Média	11.06	14.47	17.40	13.27
S.Em.±	0.20	0.22	0.30	0.24
C. D. a 5 %	0.57	NS	NS	NS
C. V %	10.49	10.09	12.63	11.50

4.2.1.3 Dias para o início da floração

Os resultados sobre os dias para o início da floração influenciados pelo pinçamento apical, retardadores de crescimento e seus efeitos de interação são apresentados no Quadro 4.5.

4.2.1.3.1 Efeito do pinçamento apical

O pinçamento apical mostrou uma influência significativa nos dias para o início da floração. O P2 exigiu um maior número de dias para o início da floração (48,93), seguido pelo P1 (46,97) e o mínimo de dias exigidos pelo P0 (46,31).

4.2.1.3.2 Efeito dos retardadores de crescimento

Os dias para o início da floração diferiram significativamente devido aos retardadores de crescimento em CCC 400 ppm (T6) levou um número significativamente maior de dias (51,80) para o início da floração e foi igual a T4 e T5. O número mínimo de dias (41,76) para o início da floração foi obtido pelo controlo (T0). A variação no número de dias para o início da floração foi significativa devido aos estágios de aplicação.

4.2.1.3.3 Efeito de interação

A interação entre o pinchamento apical e os retardadores de crescimento foi significativa para os dias até ao início da floração. O P2T6 levou mais dias (52,37) para o início da floração e estava no mesmo nível do P2T4 (52,22), P2T5 (51,97) e P2T3 (51,17), seguido pelo P1T6 (51,67), P1T4 (51,58), P1T5 (51,54), P0T5 (51,61) e P0T6 (51,37), P0T4 (51,33). Enquanto que o menor número de dias para o início da floração foi observado em P0T0 (41,44).

4.2.1.4 Dias até à colheita

Os resultados sobre os dias para a colheita influenciados pelo pinçamento apical, retardadores de crescimento e seus efeitos de interação são apresentados no Quadro 4.5.

4.2.1.4.1 Efeito do pinçamento apical

As diferenças em dias para a colheita, influenciadas pelo pinçamento apical, foram significativamente maiores em P1 (109,13) seguido por P2 (108,01) comparado com P0 (106,73). **4.2.1.4.2 Efeito dos retardadores de crescimento**

Os dias para a colheita diferiram significativamente devido aos retardadores de crescimento, sendo necessário um maior número de dias (112,85) para a colheita da cultura que recebeu CCC 400 ppm (T6), seguido de CCC 200 ppm (T3) (110,11). As diferenças entre os tratamentos foram significativas. A testemunha (T0) levou o mínimo de dias (93,79) para a colheita. **4.2.1.4.3 Efeito de interação**

A interação entre o pinching apical e os retardadores de crescimento não foi significativa para os dias até à colheita. O número máximo de dias para a colheita foi registado em P1T6 (113,93) e o número mínimo de dias para a colheita foi registado em P0T0 (93,25).

Quadro 4.5: Efeitos do pinçamento apical e dos retardadores de crescimento nos dias até à floração

iniciação, dias para a colheita e número de ramos por planta no quiabeiro

Tratamentos	Dias para o início da floração	Dias para a colheita	Número de ramos por planta
Pinçamento apical			
Po - Sem beliscar	46.31	106.73	2.65
P1 - Pinçamento apical aos 20 DAS	46.97	**1o9.13**	**2.75**
P2 - Pinçamento apical aos 30 DAS	**48.93**	108.01	2.64
S.Em. ±	o.12	0.12	0.20
C.D. a 5 %	0.34	0.34	0.55
Retardadores de crescimento			
PARA - Controlo (não pulverizado)	**41.76**	**93.79**	**1.49**
T1 - Imersão das sementes em cycocel 200 ppm antes da sementeira durante 16 horas	49.84	110.05	3.49
T2 - Aplicação foliar em cycocel 200 ppm a 30 DAS	49.75	109.98	3.59
T3 - T1 + T2	50.48	110.11	**3.68**
T4 - Imersão das sementes em cycocel 400 ppm antes da sementeira durante 16 horas	51.71	112.49	2.38
T5 - Aplicação foliar em cycocel 400 ppm a 30 DAS	51.70	112.16	2.43
T6 - T3 + T4	**51.8o**	**112.85**	1.64
T7 - Embebição das sementes em KH2PO4 5000 ppm antes da sementeira durante 16 horas	43.95	108.07	3.10
T8 - Aplicação foliar em KH2PO4 5000 ppm a 30 DAS	45.02	106.45	3.13
T9 - T7 + T8	45.64	107.04	3.13
T10 - Embebição das sementes em KH2PO4 10.000 ppm antes da sementeira durante 16 horas	45.58	107.25	2.17
T11 - Aplicação foliar em KH2PO4 10.000 ppm aos 30 DAS	44.47	105.92	2.29

T12 - T10 + T11	44.50	107.30	2.27
S.Em. ±	0.25	0.41	0.07
C.D. a 5 %	0.71	1.15	0.20

P×T			
Po × To	**41.44**	**93.25**	**1.37**
P0 × T1	48.97	109.46	3.37
P0 × T2	49.16	109.40	3.52
P0 × T3	49.56	109.50	3.60
P0 × T4	51.33	111.52	2.55
P0 × T5	51.61	111.29	2.55
P0 × T6	51.37	111.80	1.94
P0 × T7	42.24	108.59	3.04
P0 × T8	42.14	103.73	3.09
P0 × T9	43.22	105.07	1.92
Po × T10	43.16	105.32	2.11

Quadro 4.5 Conti...

Po × T11	44.12	103.73	2.11
P0 × T12	43.67	104.86	2.22
P1 × T0	42.00	94.17	1.62
P1 × T1	49.70	110.52	3.65
P1 × T2	49.64	110.42	3.75
P1 × T3	50.70	110.57	**3.84**
P1 × T4	51.58	113.32	2.36
P1 × T5	51.54	113.15	2.31
P1 × T6	51.67	113.93	1.71
P1 × T7	43.17	109.01	3.18
P1 × T8	44.27	108.43	3.21
P1 × T9	45.35	109.04	3.24
P1× T10	45.41	109.02	2.33
P1× T11	42.47	108.32	2.26
P1× T12	43.11	108.85	2.26
P2 × T0	41.85	93.96	1.48
P2 × T1	50.87	110.16	3.44
P2 × T2	50.44	110.13	3.52
P2 × T3	51.17	110.27	3.62
P2 × T4	52.22	112.64	2.23
P2 × T5	51.97	112.04	2.41
P2 × T6	**52.37**	**112.82**	1.27
P2 × T7	46.43	106.62	3.08
P2 × T8	48.67	107.18	3.10
P2 × T9	48.37	107.01	3.06
P2 × T10	48.17	107.40	2.28
P2 × T11	46.82	105.71	2.49
P2 × T12	46.72	108.18	2.31
Média	**47.40**	**107.96**	**2.68**

S.Em.±	0.44	0.71	0.12
C. D. a 5 %	1.23	NS	NS
C. V %	11.02	11.81	12.74

4.2.1.5 Número de ramos por planta

Os resultados sobre o número de ramos por planta influenciados pelo pinçamento apical, retardadores de crescimento e seus efeitos de interação são apresentados no Quadro 4.5.

4.2.1.5.1 Efeito do pinçamento apical

O pinçamento apical apresentou influência significativa sobre. Número de ramos por planta. O número máximo de frutos foi registado em P1 (2,75) seguido de P0 (2,65) e P2 (2,64).

4.2.1.5.2 Efeito dos retardadores de crescimento

O número de ramos por planta diferiu significativamente devido aos retardadores de crescimento. Um número significativamente maior de ramos por planta foi registado em CCC 200 ppm (T3) (3,68), seguido de KH2PO4 5000 ppm T9 (3,13) e diferiu significativamente dos restantes tratamentos. O menor número de frutos foi registado no controlo T0 (1,49).

4.2.1.5.3 Efeito de interação

A interação entre o pinching apical e os retardadores de crescimento não foi significativa para o número de ramos por planta. O número máximo de ramos por planta foi registado em P1T3 (3,84) e o número mínimo de ramos por planta foi registado em P0T0 (1,37).

4.2.1.6 Número de frutos por planta

Os resultados sobre o número de frutos por planta influenciados pelo pinçamento apical, retardadores de crescimento e seus efeitos de interação são apresentados no Quadro 4.6.

4.2.1.6.1 Efeito do pinçamento apical

O pinçamento apical mostrou uma influência significativa no número de frutos por planta. O número máximo de frutos foi registado em P1 (12,75) seguido de P2 (12,39) e P0 (11,86).

4.2.1.6.2 Efeito dos retardadores de crescimento

O número de frutos por planta diferiu significativamente devido aos retardadores de crescimento. Foi registado um número significativamente maior de frutos por planta com CCC 200 ppm (T3) (15,28), seguido de KH2PO4 5000 ppm T9 (13,94), diferindo significativamente dos restantes tratamentos. O menor número de frutos foi observado no controlo T0 (8,02). **4.2.1.6.3 Efeito de interação**

A interação entre o pinching apical e os retardadores de crescimento não foi significativa para o número de frutos por planta. O número máximo de frutos por planta foi registado em P1T3 (15,74) e o número mínimo de frutos por planta foi registado em P0T0 (7,94). **4.2.1.7 Comprimento do fruto (cm)**

Os resultados sobre o comprimento do fruto influenciado pelo beliscão apical, retardadores de crescimento e seus efeitos de interação são apresentados no Quadro 4.6.

4.2.1.7.1 Efeito do pinçamento apical

O pinçamento apical mostrou uma influência significativa no comprimento do fruto. O comprimento máximo do fruto foi registado em P0 (16,97 cm) que foi igual a P1 (16,63 cm) e P2 (16,40 cm).

4.2.1.7.2 Efeito dos retardadores de crescimento

O comprimento do fruto diferiu significativamente devido aos retardadores de crescimento. O comprimento do fruto significativamente maior foi registado com CCC 200 ppm (T3) (19,21 cm), seguido de

KH2PO4 5000 ppm (17,37 cm) e diferiu significativamente dos restantes tratamentos. O menor número de frutos foi observado no controlo T0 (13,69 cm).

4.2.1.7.3 Efeito de interação

A interação entre o pinchamento apical e os retardadores de crescimento foi significativa para o comprimento dos frutos. O P0T3 registou um maior comprimento de fruto (20,52 cm) e foi igual ao P0T2 (20,47 cm). Enquanto que o comprimento mínimo dos frutos foi registado em P2T0 (13,70 cm).

4.2.1.8 Perímetro do fruto (cm)

Os resultados sobre a circunferência do fruto influenciada pelo pinçamento apical, retardadores de crescimento e seus efeitos de interação são apresentados no Quadro 4.6.

4.2.1.8.1 Efeito do pinçamento apical

O pinçamento apical não teve influência significativa na circunferência do fruto. A circunferência máxima do fruto foi registada em P1 (6,62 cm) que foi seguido por P2 (6,51 cm) e P0 (6,48 cm).

4.2.1.8.2 Efeito dos retardadores de crescimento

O perímetro do fruto diferiu significativamente devido aos retardadores de crescimento. Registou-se um perímetro de fruto significativamente maior no CCC 200 ppm (T3) (7,16 cm), que foi igual ao KH2PO4 5000 ppm T8 (6,92 cm) e diferiu significativamente dos restantes tratamentos. A menor circunferência do fruto foi registada no controlo T0 (5,64 cm).

4.2.1.8.3 Efeito de interação

A interação entre o pinching apical e os retardadores de crescimento não foi significativa para o perímetro do fruto. O P1T3 registou mais perímetro de fruto (7,25 cm). Enquanto que a circunferência mínima dos frutos foi registada em P0T0 (5,50 cm).

Tabela 4.6: Efeitos do pinçamento apical e dos retardadores de crescimento no número de frutos por <u>planta, comprimento do fruto (cm) e perímetro do fruto (cm) em quiabeiro</u>

Tratamentos		Número de frutos por planta	Comprimento do fruto (cm)	Perímetro do fruto (cm)
Pinçamento apical				
Po -	Sem beliscar	11.86	**16.97**	6.48
P1 -	**Pinçamento apical aos 20 DAS**	**12.75**	16.63	**6.62**
P2 -	Pinçamento apical aos 30 DAS	12.39	16.40	6.51
	S.Em. ±	o.07	0.07	0.05
	C.D. a 5 %	o.19	0.19	NS
Retardadores de crescimento				
PARA				
-	**Controlo (não pulverizado)**	**8.02**	**13.69**	**5.64**
T1 -	Imersão das sementes em cycocel 200 ppm antes da sementeira durante 16 horas	15.11	18.26	6.99
T2 -	Aplicação foliar em cycocel 200 ppm aos 30 DAS	15.o2	19.01	7.12
T3 -	T1 + T2	**15.28**	**19.21**	**7.16**
T4 -	Imersão das sementes em cycocel 400 ppm antes da sementeira durante 16 horas	1o.45	16.29	6.15
T5 -	Aplicação foliar em cycocel 400 ppm aos 30	9.64	16.29	6.10

	DAS			
T6 -	T3 + T4	11.17	13.75	5.93
T7 -	Embebição das sementes em KH2PO4 5000 ppm antes da sementeira durante 16 horas	13.85	17.27	6.84
T8 -	Aplicação foliar em KH2PO4 5000 ppm a 30 DAS	13.53	17.33	6.92
T9 -	T7 + T8	13.94	17.37	6.88
T10 -	Embebição das sementes em KH2PO4 10.000 ppm antes da sementeira durante 16 horas	1o.8o	14.52	6.37
T11 -	Aplicação foliar em KH2PO4 10.000 ppm aos 30 DAS	12.o3	16.88	6.37
T12 -	T10 + T11	11.48	16.83	6.46
	S.Em. ±	o.14	0.14	0.10
	C.D. a 5 %	0.40	0.39	0.29

P×T			
Po × To	**7.94**	**13.70**	**5.50**
P0 × T1	14.73	18.63	6.98
P0 × T2	14.64	20.47	6.99
Po × T3	14.88	**20.52**	7.05
P0 × T4	9.39	16.39	5.93
P0 × T5	9.29	16.58	6.18
P0 × T6	10.29	13.80	5.94
P0 × T7	13.52	17.37	6.78
P0 × T8	13.14	17.45	6.80
P0 × T9	13.59	17.51	6.82
Po × Tio	9.91	14.55	6.29

Quadro 4.6 Conti...

Po × Tu	11.57	16.81	6.15
P0 × T12	11.34	16.86	6.76
P1 × To	8.40	13.68	5.82
P1 × T1	15.52	18.54	6.85
P1 × T2	15.42	18.55	7.21
P1 × T3	**15.74**	18.59	**7.25**
P1 × T4	11.04	16.34	6.26
P1 × T5	9.44	16.52	6.19
P1 × T6	11.86	13.75	6.35
P1 × T7	14.28	17.28	6.90
P1 × T8	14.00	17.30	7.10
P1 × T9	14.38	17.34	6.93
P1× T10	11.36	14.52	6.40
P1× T11	12.44	16.93	6.30
P1× T12	11.89	16.82	6.46
P2 × T0	7.73	13.70	5.60
P2 × T1	15.06	17.62	7.14
P2 × T2	15.00	18.00	7.15

P2 × T3		15.21	18.51	7.17
P2 × T4		10.93	16.15	6.27
P2 × T5		10.19	15.76	5.93
P2 × T6		11.37	13.71	5.51
P2 × T7		13.76	17.15	6.84
P2 × T8		13.46	17.23	6.87
P2 × T9		13.87	17.25	6.89
P2 × T10		11.15	14.48	6.43
P2 × T11		12.08	16.90	6.66
P2 × T12		11.22	16.80	6.15
	Média	**12.33**	**16.68**	**6.53**
S.Em.±		**0.24**	**0.24**	**0.18**
C. D. a 5 %		**NS**	**0.68**	**NS**
C. V %		**12.04**	**10.23**	**11.95**

4.2.1.9 Peso seco do fruto (g)

Os resultados sobre o peso seco do fruto influenciado pelo pinçamento apical, retardadores de crescimento e seus efeitos de interação são apresentados no Quadro 4.7.

4.2.1.9.1 Efeito do pinçamento apical

O pinçamento apical mostrou uma influência significativa no peso seco do fruto. O peso seco máximo do fruto foi registado em P1 (5,66 g) seguido de P2 (5,21 g) e P0 (5,14 g).

4.2.1.9.2 Efeito dos retardadores de crescimento

O peso seco dos frutos diferiu significativamente devido aos retardadores de crescimento. O peso seco do fruto significativamente maior registado a 200 ppm (T3) (6,89 g) e diferiu significativamente com o resto dos tratamentos. O peso seco mais baixo dos frutos foi observado no controlo T0 (4,82 g).

4.2.1.9.3 Efeito de interação

A interação entre o pinching apical e os retardadores de crescimento foi significativa para o peso seco do fruto. O P1T3 obteve mais peso seco de frutos (7,10 g) e foi igual ao P1T1 (6,94 g), P1T2 (6,89 g), P2T3 (6,87 g), P2T1 (6,84 g), P2T2 (6,81 g) e P0T3 (6,70 g). Enquanto o peso seco mínimo foi observado em P0T0 (15,00 g).

4.2.1.10 Número de sementes por fruto

Os resultados sobre o número de sementes por fruto influenciado pelo pinçamento apical, retardadores de crescimento e seus efeitos de interação são apresentados no Quadro 4.7.

4.2.1.10.1 Efeito do pinçamento apical

O pinçamento apical teve uma influência significativa no número de sementes por fruto. O maior número de sementes por fruto foi registado em P0 (55,72), que foi igual a P1 (55,26). O menor número de sementes por fruto foi registado em P2 (54,28).

4.2.1.10.2 Efeito dos retardadores de crescimento

O número de sementes por fruto diferiu significativamente devido aos retardadores de crescimento. Foi registado um número significativamente maior de sementes por fruto com CCC 200 ppm (T3) (60,57), seguido de KH2PO4 5000 ppm T9 (55,10), diferindo significativamente dos restantes tratamentos. O valor mais baixo foi registado no controlo T0 (52,47).

4.2.1.10.3 Efeito de interação
A interação entre o pinching apical e os retardadores de crescimento não foi significativa para o número de sementes por fruto. O P0T3 obteve maior número de sementes por fruto (61,57). Enquanto que o número mínimo de sementes por fruto foi observado em P2T0 (52,25).

4.2.1.11 Rendimento de sementes por planta (g)
Os resultados sobre o rendimento de sementes por planta (g) influenciado pelo pinçamento apical, retardadores de crescimento e seus efeitos de interação são apresentados no Quadro 4.7.

4.2.1.11.1 Efeito do pinçamento apical
O pinçamento apical produziu uma influência significativa na produção de sementes por planta. A maior produção de sementes por planta foi registada em P1 (20.37 g) seguida de P2 (17.19 g). A menor produção de sementes por planta foi registada em P0 (16.28 g).

4.2.1.11.2 Efeito dos retardadores de crescimento
O rendimento de sementes por planta diferiu significativamente devido aos retardadores de crescimento. Um número significativamente maior de sementes por planta foi registado com CCC 200 ppm (T3) (20,00 g). O menor foi observado no controlo T0 (16,59 g).

Quadro 4.7: Efeitos do pinçamento apical e dos retardadores de crescimento no peso seco do fruto (g), no número de sementes por fruto e na produção de sementes por planta (g) no quiabeiro

Tratamentos		Peso seco do fruto (g)	Número de sementes por fruto	Rendimento de sementes por planta (g)
Pinçamento apical				
Po -	Sem beliscar	5.14	**55.72**	16.28
P1 -	**Pinçamento apical aos 20 DAS**	**5.66**	55.26	**2o.37**
P2 -	Pinçamento apical aos 30 DAS	5.21	54.28	17.19
	S.Em. ±	o.o4	0.14	0.08
	C.D. a 5 %	0.12	0.40	0.21
Retardadores de crescimento				
Para -	**Controlo (não pulverizado)**	**4.82**	**52.47**	**16.59**
T1 -	Imersão das sementes em cycocel 200 ppm antes da sementeira durante 16 horas	6.82	59.20	19.16
T2 -	Aplicação foliar em cycocel 200 ppm aos 30 DAS	6.79	59.60	19.38
T3 -	T1 + T2	**6.89**	**6o.57**	**2o.oo**
T4 -	Imersão das sementes em cycocel 400 ppm antes da sementeira durante 16 horas	4.85	53.46	17.84
T5 -	Aplicação foliar em cycocel 400 ppm aos 30 DAS	4.79	53.24	17.65
T6 -	T3 + T4	4.88	53.30	17.31
T7 -	Embebição das sementes em KH2PO4 5000 ppm antes da sementeira durante 16 horas	4.79	54.60	17.97
T8 -	Aplicação foliar em KH2PO4 5000 ppm a 30 DAS	4.75	54.83	17.80

T9 -	T7 + T8	5.00	55.10	18.46
T10 -	Embebição das sementes em KH2PO4 10.000 ppm antes da sementeira durante 16 horas	4.99	53.30	17.12
T11 -	Aplicação foliar em KH2PO4 10.000 ppm aos 30 DAS	4.97	53.25	17.01
T12 -	T10 + T11	5.04	53.21	17.02
	S.Em. ±	0.09	0.30	0.16
	C.D. a 5 %	0.25	0.84	0.44

P×T			
P0 × T0	**4.99**	52.67	**15.00**
P0 × T1	6.66	60.70	16.49
P0 × T2	6.66	61.02	16.01
P0 × T3	6.70	**61.57**	16.71
P0 × T4	4.72	53.83	16.37
P0 × T5	4.69	53.22	16.73
P0 × T6	4.76	53.26	16.38
P0 × T7	4.53	55.83	16.47
P0 × T8	4.47	56.11	16.44
P0 × T9	4.65	56.25	16.45
P0 × T10	4.84	53.31	16.25

Quadro 4.7 Conti...

P×T			
P0 × T11	4.54	53.30	16.15
P0 × T12	4.56	53.32	16.20
P1 × T0	4.76	52.49	18.25
P1 × T1	6.94	59.84	24.30
P1 × T2	6.89	60.08	24.20
P1 × T3	**7.10**	60.71	**25.30**
P1 × T4	4.97	53.63	19.20
P1 × T5	4.89	53.61	18.72
P1 × T6	5.00	53.73	18.80
P1 × T7	5.22	54.15	19.60
P1 × T8	4.97	54.48	19.30
P1 × T9	5.85	55.06	22.00
P1 × T10	5.36	53.54	18.50
P1 × T11	5.78	53.55	18.36
P1 × T12	5.85	53.56	18.30
P2 × T0	4.71	**52.25**	16.51
P2 × T1	6.84	57.05	16.68
P2 × T2	6.81	57.70	17.95
P2 × T3	6.87	59.43	17.98
P2 × T4	4.85	52.93	17.96
P2 × T5	4.80	52.90	17.50
P2 × T6	4.89	52.92	16.75
P2 × T7	4.61	53.83	17.84
P2 × T8	4.80	53.91	17.67

		4.50	53.99	16.95
P2 × T9		4.50	53.99	16.95
P2 × T10		4.76	53.05	16.60
P2 × T11		4.60	52.90	16.53
P2 × T12		4.69	52.76	16.55
	Média	**5.34**	**55.09**	**17.95**
S.Em.±		**0.15**	**0.24**	**0.27**
C. D. a 5 %		**0.43**	**0.68**	**0.77**
C. V %		**11.45**	**10.23**	**11.16**

4.2.1.11.3 Efeito de interação

A interação entre o pinching apical e os retardadores de crescimento foi significativa para a produção de sementes por planta. O P1T3 produziu mais sementes por planta (25,30 g), enquanto que o número mínimo de sementes por planta foi observado no P2T0 (52,25).

4.2.2 Parte B: Efeitos do pinçamento apical e dos retardadores de crescimento nos caracteres de qualidade das sementes de quiabeiro

4.2.2.1 Peso de cem sementes (g)

Os resultados sobre o peso de cem sementes (g) influenciado pelo pinçamento apical, retardadores de crescimento e seus efeitos de interação são apresentados no Quadro 4.8.

4.2.2.1.1 Efeito do pinçamento apical

O peso de cem sementes aumentou significativamente com o pinçamento apical, o peso de cem sementes mais elevado foi registado em P1 (6,40 g) que foi igual a P2 (6,25 g) e P0 (6,23 g).

4.2.2.1.2 Efeito dos retardadores de crescimento

O peso das cem sementes diferiu significativamente devido aos retardadores de crescimento. O peso de cem sementes significativamente maior foi registado em CCC 200 ppm (T3) (7,23 g), seguido de KH2PO4 5000 ppm T9 (6,71 g) e diferiu significativamente com o resto dos tratamentos. O menor foi registado no controlo T0 (5,44 g).

4.2.2.1.3 Efeito de interação

A interação entre o pinching apical e os retardadores de crescimento não foi significativa para o peso das sementes. O peso máximo não significativo de cem sementes foi observado em P1T3 (7,33 g), enquanto que o peso mínimo não significativo de cem sementes foi observado em P0T0 (5,41 g).

4.2.2.2 Diâmetro da semente (mm)

Os resultados sobre o diâmetro da semente (mm) influenciado pelo pinçamento apical, retardadores de crescimento e seus efeitos de interação são apresentados no Quadro 4.8.

4.2.2.2.1 Efeito do pinçamento apical

O diâmetro da semente foi significativamente influenciado pelo pinçamento apical. Um diâmetro de semente significativamente maior foi observado em P1 (4,64 mm), que diferiu significativamente de P2 (4,57 mm). O menor foi registado em P0 (4,50 mm).

4.2.2.2.2 Efeito dos retardadores de crescimento

O diâmetro da semente diferiu significativamente devido aos retardadores de crescimento. O diâmetro da semente significativamente mais elevado registado no CCC 200 ppm (T3) registou um diâmetro de semente significativamente mais elevado (4,82 mm), que foi igual ao KH2PO4 5000 ppm T9 (4,68 mm) e diferiu significativamente com o resto dos tratamentos. O valor mais baixo foi registado no controlo T0 (4,24 mm).

4.2.2.2.3 Efeito de interação

A interação entre o pinching apical e os retardadores de crescimento não foi significativa para o diâmetro das sementes. O diâmetro máximo da semente observado em P1T3 (4,97 mm) e o diâmetro mínimo da semente observado em P0T0 (4,15 mm) não foram significativos.

4.2.2.3 Percentagem de germinação

Os resultados das percentagens de germinação influenciadas pelo pinçamento apical, pelos retardadores de crescimento e pelos seus efeitos de interação são apresentados no Quadro 4.8.

4.2.2.3.1 Efeito do pinçamento apical

Não houve variação significativa na porcentagem de germinação de sementes devido ao pinçamento apical. Foi observada uma percentagem de germinação não significativamente mais elevada em P1 (88,38 %) e a mais baixa foi registada em P0 (87,47 %).

4.2.2.3.2 Efeito dos retardadores de crescimento

A percentagem de germinação diferiu significativamente devido aos retardadores de crescimento. A percentagem de germinação significativamente mais elevada registada em KH2PO4 5000 ppm (T9) registou uma germinação de sementes significativamente mais elevada (90,78%) seguida de KH2PO4 10.000 ppm (T12) (88,94%), CCC 200 ppm (87,19%). A menor percentagem de germinação de sementes foi observada no controlo T0 (85,72%).

4.2.2.3.3 Efeito de interação

A interação entre o pinching apical e os retardadores de crescimento não é significativa para a percentagem de germinação das sementes. A percentagem máxima de germinação não significativa foi observada em P1T9 (91,50 %), enquanto a percentagem mínima de germinação foi observada em P0T0 (85,15 %).

Tabela 4.8: Efeitos do pinçamento apical e dos retardadores de crescimento no peso de cem sementes (g), no diâmetro das sementes (mm) e na germinação (%) do quiabo

Tratamentos	Cem peso (g)	Diâmetro da semente (mm)	Germinação da semente (%)
Pinçamento apical			
P0 - **Sem beliscar**	**6.23**	**4.50**	**87.47**
P1 - Pinçamento apical aos 2o DAS	**6.4o**	**4.64**	**88.38**
P2 - Pinçamento apical aos 30 DAS	6.25	4.57	87.95
S.Em. ±	0.04	0.03	0.46
C.D. a 5 %	0.12	0.09	NS
Retardadores de crescimento			
PARA - **Controlo (não pulverizado)**	**5.44**	**4.24**	**85.72**
T1 - Imersão das sementes em cycocel 200 ppm antes da sementeira durante 16 horas	7.19	4.80	86.83
T2 - Aplicação foliar em cycocel 200 ppm aos 30 DAS	6.94	4.77	87.14
T3 - T1 + T2	**7.23**	**4.82**	87.19

T4 -	Imersão das sementes em cycocel 400 ppm antes da sementeira durante 16 horas	5.60	4.48	86.16
T5 -	Aplicação foliar em cycocel 400 ppm aos 30 DAS	6.00	4.45	86.18
T6 -	T3 + T4	5.95	4.43	86.21
T7 -	Embebição das sementes em KH2PO4 5000 ppm antes da sementeira durante 16 horas	6.60	4.68	90.26
T8 -	Aplicação foliar em KH2PO4 5000 ppm a 30 DAS	6.51	4.66	90.42
T9 -	T7 + T8	6.71	4.68	**9o.78**
T10 -	Embebição das sementes em KH2PO4 10.000 ppm antes da sementeira durante 16 horas	5.93	4.50	88.59
T11 -	Aplicação foliar em KH2PO4 10.000 ppm aos 30 DAS	6.11	4.48	88.74
T12 -	T10 + T11	5.62	4.47	88.94
	S.Em. ±	0.09	0.06	0.96
	C.D. a 5 %	0.25	0.18	2.70

P×T			
Po × To	**5.41**	**4.15**	**85.15**
P0 × T1	7.16	4.74	86.38
P0 × T2	7.10	4.72	86.48
P0 × T3	7.13	4.74	86.52
P0 × T4	5.50	4.41	0.00
P0 × T5	6.17	4.41	86.06
Po × T6	6.00	4.40	86.12

Quadro 4.8 Conti...

Po × T7	6.33	4.63	89.70
P0 × T8	6.25	4.63	89.74
P0 × T9	6.50	4.62	90.12
P0 × T10	5.83	4.39	88.08
P0 × T11	6.00	4.34	88.20
P0 × T12	5.67	4.34	88.37
P1 × T0	5.50	4.31	86.02
P1 × T1	7.13	4.91	87.52
P1 × T2	7.30	4.85	87.56
P1 × T3	**7.33**	**4.97**	87.59
P1 × T4	5.58	4.48	86.26
P1 × T5	6.07	4.47	86.29
P1 × T6	6.12	4.47	86.30
P1 × T7	6.83	4.72	90.74
P1 × T8	6.70	4.69	91.00
P1 × T9	6.97	4.72	**91.50**

P1× T10		5.94	4.60	89.26
P1× T11		6.17	4.59	89.44
P1× T12		5.51	4.58	89.50
P2 × T0		5.43	4.25	86.01
P2 × T1		7.28	4.75	86.06
P2 × T2		7.20	4.74	86.12
P2 × T3		7.24	4.76	86.16
P2 × T4		5.73	4.54	86.26
P2 × T5		5.76	4.46	86.29
P2 × T6		5.72	4.42	86.30
P2 × T7		6.63	4.69	90.33
P2 × T8		6.57	4.64	90.52
P2 × T9		6.67	4.69	90.73
P2 × T10		6.00	4.52	88.43
P2× T11		6.17	4.51	88.46
P2 × T12		5.67	4.48	88.93
	Média	**6.31**	**4.57**	**85.73**
S.Em.±		**0.16**	**0.11**	**1.66**
	C. D. a 5 %	**NS**	**NS**	**NS**
C. V %		**4.31**	**4.2**	**3.27**

4.2.2.4 Comprimento das plântulas (cm)

Os resultados sobre o comprimento das plântulas influenciado pelo pinçamento apical, retardadores de crescimento e seus efeitos de interação são apresentados no Quadro 4.10.

4.2.2.4.1 Efeito do pinçamento apical

O comprimento das plântulas foi significativamente influenciado pelo pinçamento apical. Um comprimento de plântula significativamente maior foi observado em P1 (20,61), que diferiu significativamente de P2 (19,59). O menor foi registado em P0 (19.49).

4.2.2.4.2 Efeito dos retardadores de crescimento

O comprimento das plântulas diferiu significativamente devido aos retardadores de crescimento. Foi registado um comprimento de plântula significativamente maior com KH2PO4 5000 ppm (T9) (22,90), seguido de CCC 200 ppm T3 (19,16) e diferindo significativamente dos restantes tratamentos. O valor mais baixo foi registado no controlo T0 (16,47).

4.2.2.4.3 Efeito de interação

A interação entre o pinching apical e os retardadores de crescimento não foi significativa para o comprimento das plântulas. O comprimento máximo de plântula não significativo foi observado em P1T9 (23,90 cm), enquanto que o comprimento mínimo de plântula não significativo foi observado em P0T0 (16,54 cm).

4.2.2.5 Peso seco das plântulas (mg)

Os resultados sobre o peso seco das plântulas (mg) influenciado pelo pinçamento apical, retardadores de crescimento e seus efeitos de interação são apresentados no Quadro 4.9.

4.2.2.5.1 Efeito do pinçamento apical

O peso seco das plântulas foi significativamente influenciado pelo pinçamento apical. Foi observado um peso seco de plântulas significativamente mais elevado em P1 (21,35 mg), que diferiu significativamente de P0 (20,06 mg). O menor foi registado em P2 (20,21 mg).

4.2.2.5.2 Efeito de retardadores de crescimento

O peso seco das plântulas diferiu significativamente devido aos retardadores de crescimento. Registou-se um peso seco de plântulas significativamente mais elevado com KH2PO4 5000 ppm (T9) (24,19 mg), seguido de CCC 200 ppm (T3) (19,56 mg) e diferiu significativamente dos restantes tratamentos. O valor mais baixo foi registado no controlo T0 (17,77 mg).

4.2.2.5.3 Efeito de interação

A interação entre o pinching apical e os retardadores de crescimento foi significativa para o peso seco das plântulas. O P1T9 obteve mais peso seco de plântulas (26,00 mg) e foi igual ao P1T8 (25,78 mg) e P1T7 (25,12 mg). Enquanto que o peso seco mínimo das plântulas foi observado em P0T0 (17,50 mg).

4.2.2.6 Índice de vigor -I

Os resultados do índice de vigor-I influenciado pelo pinçamento apical, retardadores de crescimento e seus efeitos de interação são apresentados no Quadro 4.9.

4.2.2.6.1 Efeito do pinçamento apical

O índice de vigor-I foi significativamente influenciado pelo pinçamento apical. Um índice de vigor-I significativamente mais alto foi observado em P1 (1825,93), que diferiu significativamente de P2 (1718,84). O mais baixo foi registado em P0 (1717.78).

4.2.2.6.2 Efeito dos retardadores de crescimento

O índice de vigor I diferiu significativamente devido aos retardadores de crescimento. Foi registado um comprimento de plântula significativamente maior com KH2PO4 5000 ppm (T9) (2078.90), seguido de KH2PO4 10,000 ppm (T12) (1878.76) e CCC 200 ppm (T3) (1671.65) e diferiu significativamente com o resto dos tratamentos. O valor mais baixo foi registado no controlo T0 (1412,69).

4.2.2.6.3 Efeito de interação

A interação entre o pinching apical e os retardadores de crescimento não foi significativa para o comprimento das plântulas. O índice de vigor máximo-I não significativo foi observado em P1T9 (2189,47), enquanto o índice de vigor mínimo-I não significativo foi observado em P0T0 (1422,61).

4.2.2.7 Índice de vigor -II

Os resultados do índice de vigor-II influenciado pelo pinçamento apical, retardadores de crescimento e seus efeitos de interação são apresentados no Quadro 4.9.

4.2.2.7.1 Efeito do pinçamento apical

O índice de vigor -∏ foi significativamente influenciado pelo pinçamento apical. Um índice de vigor significativamente mais alto -∏ foi observado em Pi (1888,58), que diferiu significativamente de P2 (1777,45). O mais baixo foi registado em P0 (1758.34).

4.2.2.7.2 Efeito dos retardadores de crescimento

O índice de vigor -∏ diferiu significativamente devido aos retardadores de crescimento. Um índice de vigor significativamente maior foi registado em KH2PO4 5000 ppm (T9) (2196.51), seguido de KH2PO4 10,000 ppm (T12) (1876.74) e CCC 200 ppm (T3) (1704.14) e diferiu significativamente com o resto dos tratamentos. O valor mais baixo foi registado no controlo T0 (1523,92).

4.2.2.7.3 Efeito de interação

A interação entre o pinching apical e os retardadores de crescimento não foi significativa para o índice de vigor -∏. Índice de vigor máximo-II não significativo observado em P1T9 (2369.10). enquanto, índice de vigor mínimo-II não significativo observado em P0T0

(1490.07).

Quadro 4.9: Efeitos do pinçamento apical e dos retardadores de crescimento no peso seco das plântulas (g), no índice de vigor das plântulas I (comprimento), no índice de vigor das plântulas II (massa) e no comprimento das plântulas (cm) do quiabeiro

Tratamentos	Comprimento da plântula (cm)	Peso seco das plântulas (mg)	Índice de vigor das plântulas I (comprimento)	Índice de vigor das plântulas II (massa)
Pinçamento apical				
P0 - Sem beliscar	**19.49**	**20.06**	**1717.78**	**1758.34**
P1 - Pinçamento apical aos 20 DAS	**20.61**	**21.35**	**1825.93**	**1888.58**
P2 - Pinçamento apical aos 30 DAS	19.59	20.21	1718.84	1777.45
S.Em. ±	0.12	0.10	12.41	14.64
C.D. a 5 %	0.34	0.28	34.94	41.23
Retardadores de crescimento				
T0 - Controlo (não pulverizado)	**16.47**	**17.77**	**1412.69**	**1523.92**
T_1 - Embebição de sementes em cycocel 200 ppm antes sementeira durante 16 horas	18.84	19.29	1634.80	1673.11
T_2 -Aplicação foliar em cycocel 200 ppm a 30 DAS	19.05	19.41	1669.68	1678.35
T3-T1 + T_2	19.16	19.56	1671.65	1704.14
T4 - Imersão das sementes em cycocel 400 ppm antes sementeira durante 16 horas	17.78	18.65	1532.77	1608.54
T5 -Aplicação foliar em cycocel 400 ppm a 30 DAS	18.19	18.88	1570.20	1629.94
T6-T3 + T_4	18.43	19.04	1590.13	1633.49
T7 - Imersão das sementes em KH_2PO_4 5000 ppm antes da sementeira para 16 horas	22.18	23.40	2002.90	2111.96
T8 -Aplicação foliar em KH2PO4 5000 ppm a 30 DAS	22.67	23.87	2050.03	2157.98
T9- T7 + T_8	**22.90**	**24.19**	**2078.90**	**2196.51**
T_{10} - Imersão das sementes em KH2PO4 10.000 ppm antes da sementeira para 16 horas	20.89	20.88	1850.72	1850.06
T_{11} -Aplicação foliar em KH2PO4 10.000 ppm a 30 DAS	20.98	20.97	1861.13	1860.83

T12 - T10 + T11	21.13	21.10	1878.76	1876.74
S.Em. ±	0.25	0.21	25.83	30.48
C.D. a 5 %	0.70	0.59	72.73	85.82

Quadro 4.9 Conti....

P×T				
Po × To	**16.54**	**17.50**	**1422.61**	**1490.07**
P0 × T1	17.35	19.65	1500.93	1697.41
P0 × T2	17.45	19.78	1516.63	1690.18
P0 × T3	17.50	19.97	1546.25	1742.62
P0 × T4	18.00	18.01	1548.53	1550.08
P0 × T5	18.01	18.36	1552.59	1582.43
P0 × T6	18.11	18.46	1562.27	1590.82
P0 × T7	22.05	22.08	1990.74	1986.68
P0 × T8	22.64	22.19	2044.85	1999.96
P0 × T9	22.85	22.73	2069.23	2056.16
P0 × T10	20.94	20.55	1847.85	1809.58
P0 × T11	21.00	20.63	1854.25	1819.10
P0 × T12	21.12	20.87	1874.40	1843.34
P1 × T0	16.81	18.00	1442.70	1550.76
P1 × T1	19.89	20.11	1743.92	1759.62
P1 × T2	20.05	20.23	1771.09	1771.45
P1 × T3	20.16	20.45	1759.22	1790.89
P1 × T4	18.27	19.20	1576.14	1659.95
P1 × T5	18.77	19.23	1622.36	1665.66
P1 × T6	19.20	19.56	1661.20	1661.77
P1 × T7	22.98	25.12	2087.49	2271.41
P1 × T8	23.66	25.78	2155.70	2335.16
P1 × T9	**23.9o**	**26.00**	**2189.47**	**2369.10**
P1× T10	21.34	21.20	1901.14	1895.06
P1× T11	21.40	21.29	1908.98	1906.63
P1× T12	21.48	21.35	1917.68	1914.10
P2 × T0	16.12	17.82	1372.77	1530.94
P2 × T1	19.12	18.11	1659.56	1562.30
P2 × T2	19.48	18.22	1721.30	1573.42
P2 × T3	19.62	18.27	1709.48	1578.92
P2 × T4	17.17	18.74	1473.65	1615.59
P2 × T5	17.84	19.04	1535.64	1641.74
P2 × T6	17.97	19.11	1546.91	1647.90
P2 × T7	21.56	23.00	1930.48	2077.80
P2 × T8	21.80	23.64	1949.55	2138.83
P2 × T9	22.03	23.85	1978.01	2164.26
P2 × T10	20.48	20.89	1803.19	1845.55
P2× T11	20.64	21.00	1820.16	1856.77
P2 × T12	20.86	21.08	1844.22	1872.79
Média	**19.90**	**20.54**	**1754.18**	**1808.12**

S.Em.±	o.43	0.36	44.74	52.80
C. D. a 5 %	NS	1.01	NS	NS
C. V %	3.74	3.04	4.42	5.06

55

S.Em.±	o.43	0.36	44.74	52.80
C. D. a 5 %	NS	1.01	NS	NS
C. V %	3.74	3.04	4.42	5.06

CAPÍTULO - V

DISCUSSÃO

A semente é o fator de produção básico e crucial na produção agrícola. O aspeto mais importante para manter o fornecimento contínuo de sementes de alta qualidade aos cultivadores é produzir sementes geneticamente puras em quantidade suficiente e também preservar a qualidade das sementes desde a colheita até à época de plantação seguinte. A produção de sementes de quiabo é um trabalho delicado e requer um conhecimento profundo da produção, processamento e armazenamento de sementes, de modo a que o agricultor tenha a garantia de obter sementes de qualidade a um custo razoável durante a época de plantação.

A discussão dos resultados dos estudos sobre a influência do pinçamento apical e o impacto do retardador de crescimento da cultura de sementes de quiabo cv. GO-6. no rendimento e na qualidade das sementes é abordada neste capítulo à luz da literatura disponível. A experiência de campo foi efectuada na Quinta *Sagdividi*, Departamento de Ciência e Tecnologia das Sementes, Faculdade de Agricultura, Universidade Agrícola de Junagadh, Junagadh. As observações laboratoriais sobre a qualidade das sementes no âmbito do estudo foram medidas no laboratório do Departamento de Ciência e Tecnologia de Sementes, Faculdade de Agricultura, Universidade Agrícola de Junagadh, Junagadh, para determinar o efeito do pinçamento apical e dos retardadores de crescimento no rendimento e na qualidade das sementes de quiabo durante a *kharif* 2021. As combinações de tratamento incluíam dois factores, *ou seja,* beliscão apical e retardador de crescimento. Foram utilizados três tratamentos diferentes de pinchamento: sem pinchamento (P_0), pinchamento aos 20 DAS (P_1) e pinchamento aos 30 DAS (P_2) e diferentes tratamentos de retardadores de crescimento: cycocel 200 e 400 ppm e KH2PO4 5000 e 10.000 ppm de embebição de sementes, pulverização e combinação de embebição e pulverização (T_0-T_{12}).

Assim, o presente trabalho de investigação foi realizado para avaliar os parâmetros de qualidade e de rendimento das sementes de quiabo. Por uma questão de conveniência, toda a estrutura da discussão foi dividida nos seguintes tópicos gerais:

5.1 Análise de variância para o projeto experimental

5.1.1 Efeitos do pinçamento apical na produção de sementes e nos caracteres que contribuem para a produção

5.1.2 Efeitos do tratamento com retardador de crescimento no rendimento e no carácter de atribuição do rendimento

5.1.3 Efeitos da interação entre a pinça apical e o retardador de crescimento na produção de sementes e nos caracteres que contribuem para a produção

5.1.4 Efeitos do pinçamento apical nos parâmetros de qualidade das sementes

5.1.5 Efeitos do retardador de crescimento nos parâmetros de qualidade das sementes

5.1.6 Efeitos de interação entre a pinça apical e o retardador de crescimento nos parâmetros de qualidade das sementes

5.1 ANÁLISE DE VARIÂNCIA DO PROJECTO EXPERIMENTAL

Part A: Efeitos do pinçamento apical e dos retardadores de crescimento em diferentes caracteres que contribuem para o crescimento e a produção do quiabeiro.

A análise de variância revelou a existência de diferenças significativas entre o pinçamento apical para todos os caracteres que atribuem rendimento, exceto o perímetro do fruto (cm).

A análise de variância revelou a existência de diferenças significativas entre os retardadores de crescimento para todos os caracteres que atribuem rendimento. Sugere-se que os tratamentos de sementes foram diferentes entre si.

A análise de variância revelou a existência de uma diferença significativa entre a interação entre a pinça apical e os retardadores de crescimento para todos os caracteres que atribuem rendimento, exceto a circunferência do fruto (cm), o número de sementes por fruto, os dias até à colheita, o número de ramos por planta, o número de frutos por planta, o número de folhas aos 60, 90 DAS e na colheita, a altura da planta aos 60, 90 DAS e na colheita.

Part B: **Efeitos do pinçamento apical e de retardadores de crescimento em caracteres de qualidade de sementes de quiabo.**

A análise de variância revelou a existência de diferenças significativas entre o pinçamento apical para todos os caracteres de qualidade das sementes, exceto a percentagem de germinação.

A análise de variância revelou a existência de diferenças significativas entre os retardadores de crescimento para todos os caracteres de qualidade das sementes. Sugere-se que os tratamentos de sementes foram diferentes entre si.

A análise de variância revelou a existência de uma diferença significativa entre a interação entre o pinching apical e os retardadores de crescimento para todos os caracteres que atribuem rendimento, exceto o peso de cem sementes, o diâmetro das sementes, a percentagem de germinação, o comprimento das plântulas, o índice de vigor das plântulas-I (comprimento) e o índice de vigor das plântulas-II (massa).

5.1.1 Efeitos do pinçamento apical no rendimento das sementes e no carácter de rendimento

Independentemente dos tratamentos com retardadores de crescimento, o rendimento e o carácter de rendimento da semente diferiram significativamente devido ao pinçamento apical. Entre as várias abordagens de produção de sementes, o pinçamento apical está a ser vulgarmente praticado em várias culturas para aumentar o rendimento e a qualidade das sementes. Sabe-se que o pinchamento apical altera a relação fonte-semente, interrompendo o crescimento vegetativo e acelerando a fase reprodutiva. Também contribui para a produção de mais ramos portadores de vagens com folhagem luxuriante, o que resulta num aumento da atividade metabólica fotossintética, na acumulação de mais fotossintatos e metabolitos, resultando, em última análise, numa melhor qualidade das sementes e num maior rendimento (Thakral *et al.*, 1991).

O efeito do pinchamento apical na altura da planta foi significativo durante 30, 60, 90 e colheita. No entanto, numericamente, a altura mínima da planta (23,06 cm) foi observada no pinchamento aos 30 DAS (P1) e a altura máxima da planta (107,20 cm) foi observada sem pinchamento (P0) na colheita. A altura reduzida da planta em plantas pinçadas pode ser devido ao retardamento da divisão celular transversal, particularmente no câmbio estelar que é a zona de atividade meristemática na base do entrenó (Grossman, 1999). A presente descoberta estava de acordo com as relatadas por Olasantan (1986), Bhat (1994), Sajjan *et al.* (2004) e Patil *et al.* (2012).

O pinching apical registou um efeito significativo no número de folhas aos 30, 60, 90 e na colheita. O máximo de folhas (17,86) foi observado no pinçamento aos 20 DAS (P1) aos 90 DAS e o mínimo de folhas (10,80) foi observado no pinçamento aos 30 DAS (P2) aos 30 DAS. Tendência semelhante foi observada por Gujar e Srivastava (1972) e Olasantan (1986).

O pinching apical registou um efeito significativo nos dias para a iniciação floral. A iniciação floral máxima (48,93) foi observada com o pinçamento aos 30 DAS (P2) e a iniciação floral mínima (46,31) foi observada sem pinçamento (P0). O atraso na floração devido ao pinçamento dos botões apicais impede temporariamente a multiplicação de células meristemáticas na ponta em crescimento. O presente achado está de acordo com os relatados por Nasir (2001), Sajjan *et al.* (2004) e Patil *et al.* (2012)

O pinching apical registou um efeito significativo nos dias para a colheita. O máximo de dias para a colheita (109,13) foi observado no pinçamento aos 20 DAS (P1) e o mínimo de dias para a colheita (106,73) foi observado sem pinçamento (P0). resultado semelhante encontrado por Sajjan *et al.* (2004), Nasir (2001), Abdul *et al.* (2007) e Patil *et al.* (2012).

O pinching apical registou um efeito significativo no número de ramos por planta. O máximo de ramos por planta (2,75) foi observado no pinçamento aos 20 DAS (P1) e o mínimo de ramos por planta (2,64) foi observado no pinçamento aos 30DAS (P2). Isso pode ser devido ao pinçamento das gemas apicais que resultou na produção de mais ramos secundários e restrição ao crescimento vertical devido à translocação efetiva de hormônios, particularmente auxinas que estão sendo desviadas para as gemas potenciais e terciárias que em condições normais permanecem dormentes. A redução da altura da planta devido ao pinçamento parece ter libertado a dominância apical e, por conseguinte, o aumento consequente do número de ramos laterais. Tendência semelhante foi observada por Gujar e Srivastava (1972) e Olasanthan (1986).

O pinching apical registou um efeito significativo no número de frutos por planta. O número máximo de frutos por planta (12,75) foi observado aos 20 DAS (P1) e o número mínimo de frutos por planta (11,86) foi observado sem pinçamento (P0). O presente achado está de acordo com os relatados por Rajput *et al.* (1981), McCraw e Greig (1986) em capsicum e Patil *et al.* (2012).

O comprimento máximo do fruto (16,97) foi observado sem pinça (P0) e o comprimento mínimo do fruto (16,40) foi observado com pinça aos 30 DAS (P2). O presente achado está de acordo com os relatados por McCraw e Greig (1986) em capsicum e Patil *et al.* (2012).

Os efeitos do pinchamento apical na circunferência do fruto não são significativos. No entanto, numericamente, a circunferência máxima do fruto (6,62 cm) foi observada com o pinçamento aos 20 DAS (P1) e a circunferência mínima do fruto (6,48 cm) foi observada sem pinçamento (P0). O presente achado está de acordo com os relatados por McCraw e Greig (1986) em capsicum, Sajjan *et al.* (2004) e Patil *et al.* (2012).

O pinching apical registou um efeito significativo no peso seco do fruto. O peso seco máximo do fruto (5,66 g) foi observado no pinchamento aos 20 DAS (P1) e o peso seco mínimo do fruto (5,14) foi observado sem pinchamento (P0). Resultados semelhantes foram encontrados por Sajjan *et al.* (2004), Nasir (2001), Abdul *et al.* (2007) e Patil *et al.* (2012).

O pinching apical registou um efeito significativo no número de sementes por fruto. O número máximo de sementes por fruto (55,72) foi observado sem pinçamento (P0) e o número mínimo de sementes por fruto (54,28) foi observado com pinçamento aos 30DAS (P2). O presente achado está de acordo com os relatados por McCraw e Greig (1986) em capsicum e Patil *et al.* (2012).

O pinching apical registou um efeito significativo na produção de sementes por planta. A produção máxima de sementes por planta (20,37 g) foi observada com o pinçamento aos 20 DAS (P1) e a produção mínima de sementes por planta (16,28 g) foi observada sem pinçamento (P0). O aumento do rendimento e dos parâmetros que o atribuem pode dever-se à verificação das fases de crescimento vegetativo e à diversificação dos materiais fotossintéticos para a fonte, *ou seja,* vagens e sementes na fase óptima de crescimento (fase de crescimento juvenil) e ao desenvolvimento de condições ambientais favoráveis para o desenvolvimento dos órgãos reprodutivos. Resultados semelhantes foram encontrados por Rajput *et al.* (1981), Sajjan *et al.* (2004), Nasir (2001), Abdul *et al.* (2007), Patil *et al.* (2012) e Ali *et al.* (2021).

5.1.2 Efeitos do tratamento com retardadores de crescimento no rendimento e nos factores de rendimento

Independentemente do pinçamento apical, o rendimento e o carácter de rendimento da semente diferiram significativamente devido aos tratamentos com retardadores de crescimento. Os retardadores de crescimento alteram tanto a morfologia como a fisiologia das plantas. Os efeitos dos retardadores de crescimento variam em função da espécie vegetal, da variedade, da concentração utilizada, da frequência de aplicação e de vários outros factores que influenciam a absorção e a translocação do produto químico. Os retardadores de crescimento são também capazes de redistribuir a matéria seca pelos vários órgãos da planta, melhorando assim a relação fonte-dreno e o rendimento.

A altura da planta diferiu significativamente devido ao retardador de crescimento aos 30, 60, 90 DAS e na colheita. O CCC 400 ppm (T4) registou uma diminuição significativa da altura da planta (20,90, 52,97, 99,98 e 101,69 cm) aos 30, 60, 90 DAS e na colheita, respetivamente. A altura máxima da planta encontrada no controlo T0 (26,95, 64,80, 109,31 e 110,80 cm) aos 30, 60, 90 DAS e na colheita, respetivamente. O Cycocel (CCC) é um retardador de crescimento e a altura reduzida das plantas deve-se à inibição da via biossintética do ácido giberélico. Sabe-se também que afecta vários processos fisiológicos, *nomeadamente* a estimulação da atividade fotossintética, a síntese de proteínas, a absorção de azoto, a iniciação das flores, o aumento da espessura das folhas, o teor de clorofila e o número de sementes por fruto. Uma tendência semelhante foi registada aos 60 DAS, 90 DAS e na colheita. Resultado semelhante encontrado por Sajjan *et al.* (2004), Mahorkar *et al.* (2007), Barche *et al.* (2010), Pateliya *et al.* (2014) e Bidave e Munde (2020).

O número de folhas por planta diferiu significativamente devido ao retardador de crescimento aos 30, 60, 90 DAS e na colheita. O CCC 400 ppm (T6) registou um número significativamente maior de folhas por planta (12.97, 17.09 e 19.01) que foi igual ao CCC 200 ppm (T3) (12.04, 15.85 e 18.48) e KH2PO4 5000 ppm (T9) (11.35, 13.70 e 17.79) aos 30, 60 e 90 DAS. mas na colheita o CCC 200 ppm (T3) reteve mais folhas por planta (16.06) seguido pelo CCC 400 ppm T6 (15.00). O menor número de folhas por planta foi observado no controlo T0 (7,85) aos 30 DAS. Sajjan *et al.* (2004), Rajkumar *et al.* (2013), Bhagure e Tambe (2015) e Gaikwad *et al.* (2021).

Os efeitos significativos do tratamento com retardador de crescimento em dias para o início da floração (51,80) foram encontrados no máximo em CCC 400 ppm (T6) seguido de 200 ppm e comparados com o controlo (T0). Sajjan *et al.* (2004), Rajkumar *et al.* (2013), Bhagure e Tambe (2015) e Gaikwad *et al.* (2021).

Os efeitos significativos do tratamento com retardador de crescimento nos dias até à colheita (112,85) foram máximos no CCC 400 ppm (T6), seguido de 200 ppm e comparados com o controlo (T0). Sajjan *et al.* (2004), Rajkumar *et al.* (2013), Bhagure e Tambe (2015) e Gaikwad *et al.* (2021).

Os resultados sobre o número de ramos por planta mostraram uma diferença significativa devido aos tratamentos com retardadores de crescimento. Observou-se um número significativamente mais elevado de ramos por planta no CCC 200 ppm (T3) (3,68) em comparação com o controlo. resultado semelhante encontrado por Bhagure e Tambe. (2006),

Kokare *et al.*, (2006), Mahorkar *et al.* (2007). Parmar *et al.,* (2008) e Patelia *et al.* (2014),

Os resultados sobre o número de frutos por planta mostraram uma diferença significativa devido aos tratamentos com retardadores de crescimento. O CCC é um inibidor da biossíntese da giberlina que intervém na inibição da ciclização do pirofosfato de geranil-geranil. O tratamento com CCC aumenta a capacidade fotossintética da planta e promove a partição de foto assimilados no fruto, aumentando assim a produção de sementes. Devido à inibição do ácido giberélico, o resultado é o encurtamento e o fortalecimento dos caules nas plantas e a redução da ramificação e da folhagem nas plantas. Observou-se um número significativamente maior de frutos por planta no CCC 200 ppm (T3) (15,28) em comparação com o controlo. Resultado semelhante encontrado por Gonge *et al.* (2005).

Os resultados sobre o comprimento dos frutos mostraram uma diferença significativa devido aos tratamentos com retardadores de crescimento. Foi observado um comprimento de fruto significativamente elevado na planta CCC 200 ppm (T3) (19,21 cm) em comparação com o controlo. Resultado semelhante encontrado por Kokare *et al.* (2006), Parmar *et al.* (2008), Barche *et al.* (2010), Patelia *et al.* (2014), Bhagure *et al.* (2015) e Munde e Dhondiram (2020).

Os resultados sobre a circunferência dos frutos mostraram uma diferença significativa devido aos tratamentos com retardadores de crescimento. Foi observado um perímetro de fruto significativamente mais elevado na planta CCC 200 ppm (T3) (7,16 cm) em comparação com o controlo. Resultado semelhante encontrado por Rajput *et al.* (1981), Parmar *et al.* (2008), Munikrishnaappa e Shantappa (2009), Barche *et al.* (2010) e Bhagure *et al.* (2015).

Os resultados sobre o peso seco dos frutos mostraram uma diferença significativa devido aos tratamentos com retardadores de crescimento. Observou-se um peso seco de frutos significativamente elevado no CCC 200 ppm (T3) (6,89 g) em comparação com o controlo. Resultado semelhante encontrado por Vijaykumar *et al.* (1988), Sajjan *et al.* (2004), Bharad (2005), Rajkumar *et al.* (2013) Bhagure e Tambe (2015) e Bidave e Munde (2020).

Os resultados sobre o número de sementes por fruto mostraram uma diferença significativa devido aos tratamentos com retardadores de crescimento. Observou-se um número significativamente elevado de sementes por fruto no CCC 200 ppm (T3) (60,57) em comparação com o controlo. Resultado semelhante encontrado por Vijaykumar *et al.* (1988) e Sajjan *et al.* (2004).

Os resultados sobre o rendimento de sementes por planta mostraram uma diferença significativa devido aos tratamentos com retardadores de crescimento. Observou-se um rendimento significativamente elevado de sementes por planta no CCC 200 ppm (T3) (20,00 g) em comparação com o controlo. Resultados semelhantes foram encontrados por Vijaykumar *et al.* (1988) e Sajjan *et al.* (2004).

5.1.3 Efeitos da interação entre a pinça apical e o retardador de crescimento na produção de sementes e nos caracteres que contribuem para a produção

Verificou-se que o efeito de interação entre a pinça apical e o retardador de crescimento diferiu significativamente para a produção de sementes e para os caracteres que contribuem para a produção.

Os resultados sobre a altura da planta mostraram uma diferença significativa devido à interação entre o pinching apical e o retardador de crescimento aos 30 DAS e não significativa aos 60, 90 DAS e na colheita. O P0T0 teve a maior altura de planta (27,00 cm) e foi igual ao P1T0 (26,95 cm), P2T0 (26,90 cm) aos 30 DAS. Enquanto que a menor altura de planta foi observada no P1T4 (20,00 cm).

O número de folhas por planta mostrou uma diferença significativa devido à interação entre o pinching apical e o retardador de crescimento aos 30 DAS e não significativa aos 60, 90 DAS e na colheita. O P1T6 teve um maior número de folhas (13,40) e foi igual ao P1T5, P1T4 e P0T6 aos 30 DAS. Enquanto que o número mínimo de folhas foi observado em P0T0 (7,72).

Os resultados sobre os dias para o início da floração mostraram uma diferença significativa devido à interação entre a pinça apical e o retardador de crescimento. O P2T6 levou mais dias (52,37) para o início da floração e foi igual ao P2T4, P2T5 e P2T3, seguido pelo P1T6, P1T4, P1T5, P0T5 e P0T6, P0T4. Enquanto que o menor número de dias para o início da floração foi observado em P0T0 (41,44).

Os dias para a colheita mostraram uma diferença não significativa devido à interação entre o pinching apical e o retardador de crescimento. O número máximo de dias até à colheita foi registado de forma não significativa em P1T6 (113,93); enquanto o número mínimo de dias até à colheita foi registado de forma não significativa em P0T0 (93,25).

Os resultados sobre o número de ramos por planta mostraram uma diferença não significativa devido à interação entre o pinching apical e o retardador de crescimento. O número máximo de ramos por planta foi registado de forma não significativa em P1T3 (3,84); enquanto o número mínimo de ramos por planta foi registado de forma não significativa em P0T0 (1,37).

O número de frutos por planta mostrou uma diferença não significativa devido à interação entre o pinching apical e o retardador de crescimento. O número máximo de dias para a colheita foi registado em P1T3 (15,74), enquanto o número mínimo de dias para a colheita foi registado em P0T0 (7,94).

Os resultados sobre o comprimento dos frutos mostraram uma diferença significativa devido à interação entre o pinchamento apical e o retardador de crescimento. O P0T3 obteve um maior comprimento de fruto (20,52 cm) e foi igual ao P0T2 (20,47 cm), enquanto que o comprimento mínimo de fruto foi registado no P2T0 (13,70 cm).

A circunferência do fruto mostrou uma diferença não significativa devido à interação entre o pinçamento apical e o retardador de crescimento. O perímetro máximo dos frutos foi registado de forma não significativa em P1T3 (7,25 cm); enquanto o número mínimo de dias para a colheita foi registado de forma não significativa em P0T0 (5,50 cm).

Os resultados sobre o peso seco dos frutos mostraram uma diferença significativa devido à interação entre a pinça apical e o retardador de crescimento. O P1T3 obteve maior peso seco de frutos (7,10 g) e foi igual ao P1T1 (6,94 g), P1T2 (6,89 g), P2T3 (6,87 g), P2T1 (6,84 g), P2T2 (6,81 g) e P0T3 (6,70 g).

O número de sementes por fruto mostrou uma diferença não significativa devido à interação entre o pinching apical e o retardador de crescimento. O número máximo de sementes por fruto foi registado de forma não significativa em P0T3 (61,57); enquanto o número mínimo de sementes por fruto foi registado de forma não significativa em P2T0 (52,25).

Os resultados sobre a produção de sementes por planta mostraram uma diferença significativa devido à interação entre o pinching apical e o retardador de crescimento. O P1T3 produziu mais sementes por planta (25,30 g), enquanto que o número mínimo de sementes por planta foi observado no P0T0 (15,00 g).

Quadro 5.1 Lista das melhores técnicas de pinça apical, retardadores de crescimento e sua interação na produção de sementes e nos caracteres que contribuem para a produção

Personagens	P	T	P×T

		P	T	P×T
Altura da planta (cm)	30 DAS	Po	T_0	PθTθ; PlTθ; P_2 To
	60 DAS	Po	T_0	PoTo
	90 DAS	Po	T_0	PoTo
	Colheita	Po	T_0	PoTo
Número de folhas por planta	30 DAS	Pi	T_6 ; T_5 ; T_4	PlT_6 ; PlT_5 ; PlT_4 ; $PθT_6$
	60 DAS	Pi	T_6 ; T_5 ; T_4	PiT_6
	90 DAS	Pi	T_6 ; T_5 ; T_4	PiT_6
	Colheita	Pi	T_3 ; T_2 ; Ti	PiT_3
Dias para o início da floração		P_2	T_6 ; T_4 ; T_5	P T_{26} ; P T_{24} ; P T_{25} ; P T_{23} ; $P1T_6$; PiT_4 ; PiT_5 ; PoT_5 ; PoT_6 ; PoT_4
Dias para a colheita		Pi	T_6 ; T_4 ; T_5	P T_{26}
Número de ramos por planta		Pi	T_3 ; T_2 ; Ti	PiT_3
Número de frutos por planta		Pi	T_3 ; T_2 ; Ti	PiT_3
Comprimento do fruto (cm)		Po	T_3 ; T_2	PoT_3 ; PoT_2
Perímetro do fruto		Pi	T_3 ; T_2 ; Ti; Ts; T9	PiT_3
Peso seco do fruto (g)		Pi	T_3 ; T_2 ; Ti	PiT_3 ; P1T1; PiT_2; P T_{23} ; P_2 Ti; P T_{22}; PoT_3
Número de sementes por fruto		Po	T_3	PoT_3
Rendimento de sementes por planta (g)		Pi	T_3	PiT_3

Onde;

P: Pinçamento apical, T: Retardadores de crescimento

P×T: Interação entre o pinçamento apical e os retardadores de crescimento

Quadro 5.2 Lista dos melhores pinças apicais, retardadores de crescimento e sua interação em

caracteres de qualidade do rendimento das sementes

Personagens	P	T	P×T
Peso de cem sementes	Pi; P2; Po	T3; Ti	Pi T3
Diâmetro da semente	Pi; P2	T3; Ti; T2; T9; T7; T8	Pi T3
Germinação em percentagem	Pi	T9; T8; T7; Ti2; Tii; Tio	Pi T9
Peso seco das plântulas	Pi	T9; T8	Pi T9; Pi T8; Pi T7
Comprimento das plântulas	Pi	T9; T8	Pi T9
Índice de vigor-I	Pi	T9; T8	Pi T9
Índice de vigor-II	Pi	T9; T8; T7	Pi T9

Onde;

P: Pinçamento apical, T: Retardadores de crescimento

P×T: Interação entre o pinçamento apical e os retardadores de crescimento

5.1.4 Efeitos do pinçamento apical nos parâmetros de qualidade das sementes

Independentemente dos tratamentos com retardadores de crescimento, os parâmetros de qualidade das sementes diferiram significativamente devido ao pinçamento apical.

O efeito do pinçamento apical no peso de cem sementes foi significativo. O peso de 100 sementes foi significativamente maior em P1 (6,40 g), que foi igual a P2 (6,25 g) e P0 (6,23 g). O presente achado está de acordo com os relatados por Bhat (1994), Gujar e Srivastava (1972) e Sajjan *et al.* (2004).

O diâmetro da semente foi significativamente influenciado pelo pinçamento apical. Um diâmetro de semente significativamente mais alto foi observado em P1 (4.64 mm) que foi igual a P2 (4.57 mm). O menor foi registado em P0 (4,50 mm). O presente achado está de acordo com os relatados por Bhat (1994), Gujar e Srivastava (1972) e Sajjan *et al.* (2004).

O pinçamento apical registou uma influência não significativa na percentagem de germinação. A percentagem máxima de germinação (88,38) foi registada de forma não significativa quando o pinching foi efectuado às 20DAS (P1) e a percentagem mínima de germinação (87,47) foi registada de forma não significativa. Observações semelhantes foram feitas por Bhat (1994), Sajjan *et al.* (2004) no quiabeiro.

O peso seco das plântulas foi significativamente influenciado pelo pinçamento apical. Foi observado um peso seco de plântulas significativamente mais elevado em P1 (21,35 mg), que diferiu significativamente de P0 (20,06 mg). O menor foi registado em P2 (20,21 mg). A presente constatação está de acordo com as relatadas por Bhat (1994), Gujar e Srivastava (1972) e Sajjan *et al.* (2004)

O comprimento das plântulas diferiu significativamente devido ao pinçamento apical. Observou-se um comprimento de plântula significativamente maior em P1 (20,61 mm), que diferiu significativamente de P2 (19,59 mm). O menor foi registado em P0 (19,49 mm). A presente descoberta estava de acordo com as relatadas por Bhat (1994), Gujar e Srivastava (1972) e Sajjan *et al.* (2004).

O índice de vigor-I foi significativamente influenciado pelo pinçamento apical. Um índice de vigor-I significativamente mais alto foi observado em P1 (1825,93), que diferiu significativamente de P2 (1718,84). O mais baixo foi registado em P0 (1717.78). A presente descoberta estava de acordo com as relatadas por Bhat (1994), Gujar e Srivastava (1972) e Sajjan *et al.* (2004).

O índice de vigor-II foi significativamente influenciado pelo pinçamento apical. Um índice de vigor significativamente mais alto -∏ foi observado em P1 (1888.58) que diferiu significativamente com P2 (1777.45). O mais baixo foi registado em P0 (1758.34). O presente achado está de acordo com os relatados por Bhat (1994), Gujar e Srivastava (1972) e Sajjan *et al.* (2004).

Os parâmetros de qualidade da semente mais elevados observados com o pinçamento na fase adequada podem ser devidos ao aumento da área fotossintética, que conduz a uma taxa fotossintética mais elevada, a uma melhor assimilação e à acumulação de mais fotossintéticos, resultando num melhor desenvolvimento da semente.

5.1.5 Efeitos do retardador de crescimento nos parâmetros de qualidade das sementes

Independentemente do pinçamento apical, os parâmetros de qualidade das sementes diferiram significativamente devido aos tratamentos com retardadores de crescimento. O KH_2PO_4 é importante para a divisão celular e o desenvolvimento de novos tecidos. O fósforo também está associado à transformação complexa de energia na planta. A adição de KH_2PO_4 por pulverização foliar e tratamento de imersão promove o crescimento das raízes e a robustez da planta e, frequentemente, acelera a maturidade.

Os efeitos significativos do tratamento retardador de crescimento no peso de cem sementes. Foi registado um peso significativamente maior de cem sementes com CCC 200 ppm (T3) (7,23 g), seguido de KH2PO4 5000 ppm T9 (6,71 g) e diferiu significativamente dos restantes tratamentos. O valor mais baixo foi observado no controlo T0 (5,44 g). Observações semelhantes foram feitas por Vijaykumar *et al.* (1988).

O diâmetro da semente diferiu significativamente devido aos retardadores de crescimento. O diâmetro da semente significativamente mais elevado registado no CCC 200 ppm (T3) registou um diâmetro de semente significativamente mais elevado (4,82 mm), que estava a par com KH2PO4 5000 ppm T9 (4,68 mm) e diferiu significativamente com o resto dos tratamentos. O valor mais baixo foi observado no controlo T0 (4,24 mm). Observações semelhantes foram feitas por Vijaykumar *et al.* (1988).

A percentagem de germinação diferiu significativamente devido aos retardadores de crescimento. A percentagem de germinação significativamente mais elevada registada com KH2PO4 5000 ppm registou uma germinação de sementes significativamente mais elevada (90,78 %), seguida de KH2PO4 10.000 ppm (88,94 %), CCC 200 ppm (87,19 %). O dihidrogenofosfato de potássio ajuda na germinação rápida das sementes e, por conseguinte, resulta num maior crescimento vegetativo, o que pode dever-se ao facto de o elemento 'K' ser mais permeável através do revestimento das sementes de quiabo. A percentagem mais baixa de germinação de sementes foi observada no controlo T0 (85,72 %). Observações semelhantes foram feitas por Vijaykumar *et al.* (1988).

O comprimento das plântulas diferiu significativamente devido aos retardadores de crescimento. O comprimento de plântula significativamente maior foi registado em KH2PO4 5000 ppm (T9) (22,90), seguido de CCC 200 ppm T3 (19,16) e diferiu significativamente com o resto dos tratamentos. O valor mais baixo foi observado no controlo T0 (16,47). Observações semelhantes foram feitas por Vijaykumar *et al.* (1988).

O peso seco das plântulas diferiu significativamente devido aos retardadores de crescimento. Foi registado um peso seco de plântulas significativamente maior com KH2PO4 5000 ppm (T9) (24,19 mg), seguido de CCC 200 ppm (T9) (19,56 mg) e diferiu significativamente dos restantes tratamentos. O valor mais baixo foi observado no controlo T0 (17,77 mg). Observações semelhantes foram feitas por Vijaykumar *et al.* (1988).

O índice de vigor-I diferiu significativamente devido aos retardadores de crescimento. Foi registado um comprimento de plântula significativamente maior com KH2PO4 5000 ppm (T9) (2078.90), seguido de KH2PO4 10,000 ppm (T12) (1878.76) e CCC 200 ppm (T3) (1671.65) e diferiu significativamente com o resto dos tratamentos. O valor mais baixo foi observado no controlo T0 (1412,69). Observações semelhantes foram feitas por Vijaykumar *et al.* (1988).

O índice de vigor -∏ diferiu significativamente devido aos retardadores de crescimento. Um índice de vigor significativamente maior -∏ foi registado em KH2PO4 5000 ppm (T9) (2196.51), seguido por KH2PO4 10,000 ppm (T12) (1876.74) e CCC 200 ppm (T3) (1704.14) e diferiu significativamente com o resto dos tratamentos. O valor mais baixo foi observado no controlo T0 (1523,92). Observações semelhantes foram feitas por Vijaykumar *et al.* (1988).

5.1.6 Efeitos de interação entre o pinchamento apical e o retardador de crescimento nos parâmetros de qualidade das sementes

Verificou-se que o efeito de interação entre a pinça apical e o retardador de crescimento diferiu significativamente para a produção de sementes e para os caracteres que contribuem para a produção.

O resultado do peso de cem sementes mostrou uma diferença não significativa devido à interação entre o pinching apical e o retardador de crescimento. O peso máximo não significativo de cem sementes foi observado em P1T3 (7,33 g), enquanto que o peso mínimo não significativo de cem sementes foi observado em P0T0 (5,41 g).

O resultado do diâmetro da semente mostrou uma diferença não significativa devido à interação entre o pinching apical e o retardador de crescimento. O diâmetro máximo não significativo das sementes foi observado em P1T3 (4,97 mm), enquanto que o diâmetro mínimo não significativo das sementes foi observado em P0T0 (4,15 mm).

O efeito da interação entre os tratamentos com pinça apical e retardador de crescimento não é significativo para a percentagem de germinação das sementes. A percentagem máxima de germinação não significativa foi observada em P1T9 (91,50 %), enquanto a percentagem mínima de germinação foi observada em P0T0 (85,15 %).

O resultado do comprimento das plântulas mostrou uma diferença não significativa devido à interação entre o pinching apical e o retardador de crescimento. O comprimento máximo não significativo das plântulas foi observado em P1T9 (23,90 cm), enquanto que o comprimento mínimo não significativo das plântulas foi observado em P0T0 (16,54 cm).

O efeito de interação entre os tratamentos com pinça apical e retardador de crescimento é significativo para o peso seco das plântulas. O P1T9 obteve mais peso seco de plântulas (26,00 mg) e foi igual ao P1T8 (25,78 mg) e P1T7 (25,12 mg), enquanto que o peso seco mínimo de plântulas foi observado no P0T0 (17,50 mg).

O resultado do índice de vigor-I mostrou uma diferença não significativa devido à interação entre o pinçamento apical e o retardador de crescimento. O índice de vigor máximo-I não significativo foi observado em P1T9 (2189,47), enquanto o índice de vigor mínimo-I não significativo foi observado em P0T0 (1422,61).

O resultado do índice de vigor-II mostrou uma diferença não significativa devido à interação entre o pinçamento apical e o retardador de crescimento. O índice de vigor-II máximo não significativo foi observado em P1T9 (2369,10), enquanto o índice de vigor-II mínimo não significativo foi observado em P0T0 (1490,07).

CAPÍTULO - VI

RESUMO E CONCLUSÕES

O estudo intitulado **"Efeito do pinçamento apical e dos retardadores de crescimento na produção de sementes e seus parâmetros de qualidade do quiabo (*Abelmoschus esculentus* (L.) Moench.) cv. GO-6"** foi conduzido para obter informações sobre o efeito de diferentes tratamentos de pinçamento apical, ou *seja*, sem pinçamento (P0), pinçamento apical aos 20 DAS (P1), pinçamento apical aos 30 DAS (P2) e diferentes tratamentos com retardadores de crescimento, ou *seja* cycocel 200 ppm e 400 ppm, KH2PO4 5000 ppm e 10.000 ppm por imersão de sementes, pulverização após 30 DAS e ambos. durante a *kharif* 2021 na Fazenda *Sagdividi*, Departamento de Ciência e Tecnologia de Sementes, Universidade Agrícola de Junagadh, Junagadh. As observações laboratoriais sobre a qualidade das sementes no âmbito do estudo foram medidas no laboratório do Departamento de Ciência e Tecnologia das Sementes, Faculdade de Agricultura, Universidade Agrícola de Junagadh, Junagadh. A experiência foi planeada com os seguintes objectivos

1. Determinar o impacto do pinçamento apical no rendimento das sementes e nos seus parâmetros de qualidade

2. Descobrir a influência dos retardadores de crescimento no rendimento das sementes e nos seus parâmetros de qualidade

As experiências de campo foram conduzidas durante a estação *kharif 2021*, num esquema de blocos aleatórios factoriais com três repetições. As observações foram registradas em dias para o início da flor, dias para a colheita, altura da planta (cm), número de ramos por planta, número de folhas por planta, número de frutos por planta, comprimento do fruto (cm), circunferência do fruto (cm), número de sementes por fruto, peso seco do fruto (g), rendimento de sementes por planta (g). As sementes maduras colhidas foram retiradas de cada combinação de tratamento de cada repetição para avaliação da qualidade das sementes no laboratório e as observações sobre o peso de 100 sementes (g), o diâmetro das sementes, a percentagem de germinação, o comprimento das plântulas (cm), o peso seco das plântulas (mg), o índice de vigor das plântulas -I (comprimento) e o índice de vigor das plântulas-II (massa) foram registados. Os dados sobre os parâmetros de qualidade da semente foram analisados usando o Fatorial Completely Randomized Design.

2.1 Efeito do pinçamento apical nos parâmetros de crescimento das plantas, na produção de sementes e seus atributos e nos parâmetros de qualidade das sementes de quiabo

O efeito de diferentes pinças apicais *viz.*, sem pinça (P0), pinça apical aos 20 DAS (P1), pinça apical aos 30 DAS (P2) nos parâmetros de crescimento da planta, rendimento da semente e seus atributos e parâmetros de qualidade da semente de quiabo foram registados e os seus resultados foram resumidos aqui.

O pinçamento apical aos 20 DAS (P1) aumentou significativamente o crescimento vegetativo, como o número de folhas por planta, ramos por planta na colheita, exceto a altura da planta, em comparação com a ausência de pinçamento (P0). O pinçamento apical em P1 tem dia para a colheita. Os atributos de rendimento *viz.*, número de frutos por planta, rendimento de sementes por planta, peso seco do fruto, perímetro do fruto e parâmetro de crescimento dias para a colheita foram significativamente maiores com a pinça apical aos 20 DAS (P1) em comparação com P0 e P2. Todos os parâmetros de qualidade da semente foram observados mais elevados com o pinçamento apical aos 20 DAS (P1) em comparação com P0 e P2.

O comprimento do fruto e as sementes por fruto foram significativamente maiores quando não houve pinçamento apical (P0).

O P1 registou valores significativamente mais elevados em todos os atributos de qualidade das sementes do que o P2 e o P0.

2.2 Efeito do retardador de crescimento nos parâmetros de crescimento das plantas, na produção de sementes e seus atributos e nos parâmetros de qualidade das sementes de quiabo

A altura da planta diminuiu significativamente devido ao CCC 400 ppm em comparação com o controlo. A iniciação da flor e os dias para a colheita foram atrasados em 10,04 e 19,06 dias, respetivamente, no CCC 400 ppm em comparação com o controlo.

O número de folhas por planta foi significativamente maior no CCC 400 ppm aos 30, 60 e 90 DAS, mas na colheita o CCC 200 ppm (T3) reteve mais folhas por planta.

As características de crescimento e rendimento *viz.*, número de ramos por planta, número de frutos por planta, comprimento do fruto (cm), perímetro do fruto (cm), número de sementes por fruto, rendimento de sementes por planta (g), peso seco do fruto (g), foram mais elevados em CCC 200 ppm diferindo com outros tratamentos e controlo.

Os efeitos significativos do peso de 100 sementes e do diâmetro das sementes foram mais elevados com CCC 200 ppm seguido de KH2PO4 5000 ppm e comparados com o controlo.

Os efeitos significativos na germinação das sementes, peso seco das plântulas, comprimento das plântulas, índice de vigor-I e índice de vigor-II foram máximos com KH2PO4 5000 ppm seguido de KH2PO4 10 000 ppm e comparados com o controlo.

2.3 Efeitos da interação entre o pinching apical e o retardador de crescimento nos parâmetros de crescimento das plantas, na produção de sementes e seus atributos e nos parâmetros de qualidade das sementes de quiabo

Os efeitos da interação de diferentes tratamentos de pinçamento apical, ou *seja,* sem pinçamento (P0), pinçamento apical aos 20 DAS (P1), pinçamento apical aos 30 DAS (P2) e diferentes tratamentos retardadores de crescimento, ou *seja,* cycocel 200 ppm e 400 ppm, KH2PO4 5000 ppm e 10.000 ppm por imersão da semente, pulverização após 30 DAS e ambos nos parâmetros de crescimento da planta, rendimento da semente e seus atributos e parâmetros de qualidade da semente de quiabo foram registados e os seus resultados foram resumidos aqui.

Os efeitos da interação entre o pinchamento apical e o retardador de crescimento não foram significativos para todos os parâmetros de crescimento da planta e de qualidade da semente, exceto para os dias para o início da floração, comprimento do fruto (cm), produção de sementes por planta (g), altura da planta (cm) aos 30 DAS, número de folhas por planta aos 30 DAS, peso seco da plântula. Os dias mais altos para a floração foram encontrados na combinação de tratamento P2T6, enquanto o comprimento do fruto P0T3, a produção de sementes por planta P1T3, a altura da planta aos 30 DAS P0T0, o número de folhas por planta aos 30 DAS P0T0 e o peso seco da plântula P1T9.

CONCLUSÃO

Com base na discussão geral, verificou-se que o pinçamento apical e o retardador de crescimento desempenharam um papel importante na produção de sementes e seus atributos e também nos parâmetros de qualidade das sementes de quiabo. O pinçamento aos 20 DAS (P1) foi considerado eficaz para melhorar os parâmetros de crescimento da planta, a produção de sementes e a qualidade das sementes de quiabo. A melhoria máxima foi observada no crescimento vegetativo da planta, no rendimento da semente e nos parâmetros de atribuição de rendimento pela aplicação de CCC 200 ppm (T_3) e para o parâmetro de qualidade da semente, exceto o peso de cem sementes e o diâmetro da semente, todos os caracteres foram elevados em KH2PO4 5000 ppm (T_9).

BIBLIOGRAFIA

Abdul, L. M.; Abdul, J. e Shukri, E. 2007. Efeito da data de sementeira, cobertura e algum regulador de crescimento no crescimento, produção de vagens e sementes de quiabo (*Abelmoschus esculentus* (L.) Moench) *African Crop Sciconfe!,* 8: 473-478.

Abdul-Baki, A. A. e Anderson, J. E.1973. Determinação do vigor em sementes de soja por critérios múltiplos. *Crop Sci.,* **13**(6): 630-633.

Ahmad, N.; Rab, A.; Sajid, M.; Ali, Z. e Ali, K. 2016. Influência da intensidade do pinching e da aplicação incremental de azoto no crescimento e rendimento do quiabo (*Abelmoschus esculentus* (L.) Moench). *Int. J. Agric. Env. Res., 2(1): 89-97.*

Ali, A.; Nabi, G.; Irshad, M.; Khan, M. N.; Israr, M.; Ali, S.; Rehman, J. e Ali, W. 2021. Efeitos do pinching no crescimento e rendimento do quiabo. *Pure Appl. Biol.,* **11**(1): 135-145.

Aliyu, U.; Sukuni, M. e Abubakar, L. 2015. Efeito da poda na produção de frutos frescos de quiabo (*Abelmoschus esculentus* (L.) Moench) em Sokotoko, Nigéria. *J. Glob. Biosci.,* **4**(7): 2636-2640.

Anónimo. 1996. Regras internacionais para o ensaio de sementes. *Seed Sci. Technol.,* **13**: 229255.

Anónimo. 2016. <ins>https://hortiwebworld.blogspot.in/2016/08/vegetables</ins> are important-constituents.html (Acedido em 1 de agosto de 2016).

Anónimo (2020a). *Base de dados de horticultura indiana,* Conselho Nacional de Horticultura. *http://nhb.gov.in/* 2-6-2021.

Anónimo (2020b). Diretor de Horticultura, Departamento de Agricultura, Bem-Estar dos Agricultores e Cooperação, Governo de Gujarat, Gandhinagar. https://doh.gujarat.gov.in/3-6-2021.

Arora, S. K. e Dhanakar, B. S. 1992, Effect of seed soaking and foliar spray of cycocel on germination, growth flowering, fruit set and yield of okra (*Abelmoschus esculentus* (L.) Moench). *Ciência dos vegetais,* **19**(1): 79-85.

Arora, S. K.; Dhanakar, B. S. e Sharma, N. K. 1990. Efeito de cycocel e NAA no crescimento vegetativo, floração, frutificação e incidência de YVM do quiabeiro. *Research Development Report,* 7: 123- 129.

Aurovinda e Rajendra P. 2003. Efeito dos reguladores de crescimento vegetal CCC e NAA no crescimento e rendimento do feijão mungo de verão. *Ann. Agric. Res.,* 24: 874-879.

Ayyub, C. M.; Manan, A.; Pervez, M. A.; Ashraf, M. I.; Afzal, M.; Ahmed, S.; Rehman, S. U.; Jahangir, M. M.; Anwar, N. e Shaheen, M. R. 2013. Alimentação foliar com ácido giberélico (GA3): Uma estratégia para aumentar o crescimento e o rendimento do quiabo (*Abelmoschus esculentus* (L.) Moench). *African J. Agril. Res.,* **8**(25): 3299-3302.

Bagasol, J. M.; Bisayan, F. B. e Busiguit, S. D. 2019. Efeito dos horários de cobertura nos parâmetros de crescimento e rendimento do dedo da senhora (*Abelmoschus esculentus* (L.) Moench). *Indiano. J. Sci. Tech.,* **12**(27): 1-6.

Baraskar, T. V.; Gawande, P. P.; Kayande, N. V.; Lande, S. S. e Naware, M. S. 2017. Efeito dos reguladores de crescimento vegetal nos parâmetros de crescimento do quiabo (*Abelmoschus esculentus* (L.) Moench). *Inter. J. Chem. Studi.,* **6**(6): 165-168.

Barche, S.; Kirad, K. S.; Sharma, A. K. e Mishra, P. K. 2010. Resposta de retardadores de crescimento no crescimento, desenvolvimento e rendimento do quiabeiro cv. Parbahani Kranti. *JNKVV Res. J.,* **44**(2): 167-170.

Bhagure, Y. L. e Tambe, T. B. 2015. Efeito da embebição de sementes e pulverizações foliares de reguladores de crescimento de plantas em atributos fisiológicos e de rendimento do quiabo (*Abelmoschus esculentus* (L.) Moench.) var. Parbhani Kranti. *Asian J. Hort.*, **10**(1): 31-35.

Bharad, K. R. 2005. Efeito do chlormequat no crescimento e rendimento do quiabeiro (*Abelmoschus esculentus* (L.) Moench). Tese de doutoramento (não publicada) apresentada à Universidade de Saurashtra, Rajkot.

Bhat, C. P. 1994. Estudos sobre maturidade fisiológica e técnicas de produção de sementes de quiabo (*Abelmoschus esculentus* (L.) Moench). *Veg. Sci.,* **23**: 21-25.

Bidave, S. R. e Munde, G. R. 2020. Efeito de retardadores de crescimento em caracteres vegetativos e de floração do quiabo (*Abelmoschus esculentus* L.) cv. PBN-OK-1. *J. Life Sci.,* **17**(1):59-62.

Cathey, H. G. 1964. Fisiologia dos produtos químicos que retardam o crescimento. *Annu. Rev. Plant Physiol.* **15**: 271-302.

Chand, K. Prem.; Channakeshava, B. C. e Narayanareddy, A. B. 2013. Efeito da interação devido a reguladores de crescimento de plantas e crescimento de culturas de retenção de frutas, rendimento de sementes e qualidade em quiabo cv. Arka Anamika. *Indian Hortic. J.,* **3**(2): 10-18.

Chowdhury, M. S.; Hasan, Z.; Kabir, K.; Shah Jahan, M. e Kabir, M. H. 2014. Resposta do quiabo (*Abelmoschus esculentus* (L.) Moench) aos reguladores de crescimento e adubos orgânicos. *The Agriculturists,* **12**(2): 56-63.

Cochran, W. G. e Cox, G. M. 1957. *Experimental Designs.* 2nd Edition. Wiley, Nova Iorque.

Deshmukh, S. N. e Tayde, G. S. 1986. Rendimento e qualidade da semente de quiabo afectados pelo número de frutos. *PKV Res. J.,* **10**(1): 66-68.

Dev, P.; Prakash, S.; Singh, B.; Kumar, V.; Singh, M. e Bhadana, G. 2014. Estudo sobre o efeito da aplicação foliar de biorreguladores e nutrientes na economia do cultivo de quiabo (*Abelmoschus esculentus* (L.) Moench) nas condições do oeste de Uttar Pradesh. *Annls. Hort.,* **7**(1): 47-50.

Dhage, A.; Nagre, P. K.; Bhangre, K. K. e Pappu, A. K. 2011. Efeito dos reguladores de crescimento das plantas nos parâmetros de crescimento e rendimento do quiabo. *Asian J. Hort.,* **6** (1): 170-172.

Dhumal, B. S.; Belorkar, P. V.; Golliwar, B. N. e Gaikwad, T. B. 1993. Effect of seed treatment with gibberllic add on growth and yield of okra (*Abelmoschm escuslentus* (L.) Moench). *Soil. Crops,* **3**(1): 27-29.

Faten, H. M. e Ismaeil. 2003. Efeito de alguns reguladores de crescimento no crescimento e produtividade de plantas de quiabo (*Abelmoschus esculentus* (L.) Moench) em condições de inverno. *Egipto. J. Agric. Res.,* **2**(1): 101-118.

Gaikwad, R. A.; Shinde, S. S. e Dalvi, A. A. 2021. Efeito da aplicação foliar de reguladores de crescimento vegetal no crescimento, rendimento e parâmetros de qualidade dos frutos do quiabo (*Abelmoschus esculentus* (L.) Moench). *J. Pharma. Phytochem.,* **10**(1): 10251029.

Gasti, V. D.; Madalageri, B. B.; Ryagi, Y. H. e Dhaimatti, P. R. 1997. Influência dos reguladores de crescimento no rendimento do quiabo (*Abelmoschus escuslentus* (L.) Moench). *Adv. Agri. Res.,* **8**: 21-25.

Gonge, V. S.; Hameed, B.; Bharad, S. G.; Warade, A. D. e Kale, S. N. 2005. Efeito de reguladores de crescimento de plantas na produção e qualidade de sementes de quiabo. *PKV Res. J.,* **29**(1): 7-9.

Governo da Índia. https://WWW.INDIAagristat.com, acedido em 23-3-2021.

Gujar, K. D. e Srivastva, U. K. 1972. Effect of maleic hydrazide and apical pinching in okra. *Indian J. Hortic*, **29**(1): 63-66.

Gulshan, L. e Lal, G. 1997. Floração, frutificação e produção de sementes de quiabo sob a influência de reguladores de crescimento e ureia. *Hort. recente*, 4: 135-137

Ingle, V. G.; Tahkre, A. U.; Badhe, S. B. e Khan, M. A. H. 1993. Efeito da pulverização foliar de auxinas, micronutrientes com ureia na queda de frutos e no rendimento da malagueta cv. CA 960. *P. K. V. Res. J.*, **17**(2): 142-145.

Kabir, J. R.; Chatterjee, B.; Biswas e Mitra, S. K. 1989. Alternância química da expressão sexual em (*Momordica charantia* L.). *Prog. Hort.*, **21**(1): 69- 79.

Khan, S. H.; Chattoo, M. A. e Mufti, S. 2013. Efeito dos biorreguladores vegetais na produção de sementes, germinação e vigor do quiabo (*Abelmoschus esculentus* (L.) Moench). *Prog. Hort.*, **45**(2): 345- 346.

Kokare, R. T.; Bhalerao, R. K.; Prabu, T.; Chavan, S. K.; Bansode, A. B. e Kachare, G. S. 2006. Effect of plant growth regulators on growth, yield and quality of okra (*Abelmoschus esculentus* (L.) Moench). *Agri. Sci. Digest.*, **26**(3): 178-181.

Kore, V. N.; Salunke, A. R.; Gargi, S.; Mane, A. V.; Patil, R. e Bendale, V. W. 2003. Flowering and yield attributes of okra as influenced by different plant growth regulators. *J. Soils Crops*, 13: 238-241.

Kumar, Praveen; Haldankar, P. M. e Haldavanekar, P. C. 2018. Estudo sobre o efeito dos reguladores de crescimento vegetal na floração, rendimento e aspectos de qualidade do quiabo de verão (*Abelmoschus esculentus* L. Moench) var. Varsha Uphar. *J. Pharm. Innov.*, **7**(6): 180-184.

Kumar, V.; Chandra, D.; Sarma, P.; Wangchu, L.; Debnath, P.; Singh, A. K. e Hazarika, B. N. 2020. rendimento e economia da produção de sementes de quiabo influenciados por reguladores de crescimento e micronutrientes. *Inter. J. Curr. Microbiol. App. Sci.*, **10**(1): 3280-3286.

Mahorkar, V. K.; Thakare, C.; Panchabhai, D. M.; Dod, V. N.; Peshattiwar, P. D. e Gomase, D. G. 2007. Efeito do retardador de crescimento e do espaçamento no crescimento do quiabo de verão cv. Parbhani Kranti. *Asian J. Hort.*, 2: 195-198

Mandal, P. N.; Singh, K. P.; Singh, V. K. e Roy, R. K. 2012. Efeito da produção e dos reguladores de crescimento vegetal na qualidade e economia do quiabo híbrido (*Abelmoschus esculentus* (L.) Moench). *Adv. Res. J. Crop Improv.*, **3**(1): 5-7.

Mehraj, H.; Taufique, T.; Ali, M. R.; Sikder, R. K. e Jamal Uddin, A. F. M. 2015. Impacto de GA3 e NAA em características hortícolas de *Abelmoschus esculentus*. *World Appl. Sci. J.*, **33**(11): 1712-1717.

Mohammadi, G.; Khah, E. M.; Petropoulos, S. A.; Chachalis, D. B.; Akbari, F. e Yarsi, G. 2014. Efeito do ácido giberélico e do tempo de colheita na qualidade das sementes de quatro cultivares de quiabo. *J. Agril. Sci.*, **6**(7): 200-211.

Mondal, M. M. A.; Malek, M. A.; Puteh, A. B.; Ismail, M. R.; Ashrafuzzaman, M. e Naher, L. 2012. Efeito da aplicação foliar de quitosana no crescimento e rendimento do quiabo. *Asian J. Crop Sci.*, **6**(5): 918-921.

Moulana, Shaik; Prasad, V. M. e Bahadur, V. 2020. Efeito de diferentes níveis de cycocel (CCC) em duas cultivares diferentes de quiabo em condições agroclimáticas de Prayagraj (*Abelmoschus esculents* L.). *Inter. J. Chem. Studies*, **8**(4): 133-136.

Munda, B. D. S.; Singh, R. R. e Maurya, K. R. 2000. Effect of plant growth regulators on quality of seed of okra (*Abelmoschus esculentus*). *J. Appl. Biol.,* **10**(1): 22-25.

Munde, G. R. e Dhondiram, J. A. 2020. Estudos sobre o efeito de retardadores de crescimento nos atributos de rendimento do quiabo cv. PBN-OK-1 (*Abelmoschus esculentus* L.). *J. Life Sci.,* 17: 66-68.

Munikrishnappa, P. M. e Shantappa, T. 2009. Influência do tratamento de sementes e da aplicação foliar de reguladores de crescimento no crescimento e rendimento de bhendi (*Abelmoschus esculentus*) cv. Arka Anamika. *J. Ecobio,* 25: 323-328.

Nasir, S. 2001. Resposta de várias cultivares de quiabo (*Abelmoschus esculentus* (L.) Moench). A diferentes tempos de beliscadura. Crop Husbandry; Library, NWFP Agricultural University, Peshawar, Pakistan. Editora - NAUP.

Olasantan, F. O. 1986. Efeito do desponte apical no crescimento e rendimento do quiabeiro (*Abelmoschus esculentus* (L.) Moench). Agricultura Experimental, **22**(3): 307312.

Olasantan, F. O. e Salau, A. W. 2008. Efeito da poda no crescimento, rendimento foliar e rendimento de vagens do quiabeiro (*Abelmoschus esculentus* (L.) Moench). *J. Agric. Set.,* **148**(1): 93-102.

Parmar, B. R.; Pateliy, C. K. e Tandel, Y. N. 2008. Efeito de diferentes retardadores de crescimento na floração, rendimento e economia do quiabeiro (*Abebnoschus esulentus*
(L.) Moench) cv. GO-2 nas condições do sul de Gujarat. *Asian J. Hort.,* **310** (2): 317-318.

Patel, A. M.; Desai, J. R.; Patel, S. R. e Patel, G. L. 2005. Estudo comparativo do corte apical e com diferentes espaçamentos em quiabeiro cv. GO-2. *Produtividade das culturas e melhoria da qualidade através de invenções fisiológicas.* pp: 220-223.

Patel, K. M. 1988. Eficácia dos reguladores de crescimento e da ureia no crescimento e nos componentes da produção de sementes de quiabo (*Abelmoschus esculentus* L. Moench). cv. Pusa Sawani. Tese de Mestrado. Departamento de Agricultura, Universidade Agrícola de Gujarat, Junagadh. 200p.

Patel, K. M. e Singh, S. P. 1990. Eficácia dos reguladores de crescimento e da ureia no crescimento das plantas e na produção de frutos do quiabeiro (*Abelmoschus esculentus* (L.) Moench) cv. Pusa Sawani. *Adv. Hortic. For.,* 1: 203-213.

Patel, K. V. 1998. Efeito de reguladores de crescimento de plantas no crescimento e rendimento do quiabo (*Abelmoschus esculentus* L. Moench) var. "Parbhani Kranti". Tese de Mestrado. Departamento de Horticultura, Universidade Agrícola de Gujarat, Navsari. 132p.

Pateliya, C. K.; Parmar, B. R.; Kacha, H. L. e Patel, S. K. 2014. Eficácia de vários retardadores de crescimento no crescimento e rendimento do quiabo. *J. Agric. Crop Sci.,* **1**(2): 32-35.

Patil R. S.; Chaitanya, H. S. e Nagesh, L. 2014. Efeito de reguladores de crescimento de plantas e colheita de frutos no rendimento de sementes e atributos de qualidade de sementes de quiabo na costa de Karnataka. *Environ. Ecol.,* **32**(1): 215-219.

Patil, B. C.; Ajjappalavara, P. S. e Dhotre, M. 2010. Effect of plant growth regulators on seed yield and quality of okra (Efeito dos reguladores de crescimento das plantas no rendimento e na qualidade das sementes de quiabo). *Actas da Conferência Nacional sobre Produção de Sementes e Material de Plantação de Qualidade: Gestão da saúde em culturas hortícolas*, 11-14 de março de 2010, Nova Deli. pp. 114116.

Patil, D. R. e Patel, M. N. 2010. Efeito do tratamento de sementes com GA3 e NAA no crescimento e rendimento do quiabo [*Abmelmoschus esculentus* (L.) Moench] cv. GO-2. *Asian J. Hort.,* **5**(2): 269-272.

Patil, S. W.; Vaddoria, M. A.; Mehta, D. R. e Mandavia, C. K. 2012. Influência do pinçamento apical no crescimento e na produção de sementes atribuindo caracteres no quiabo (*Abelmoschus esculentus* (L.) Moench). *GAU Res. J.*, **37**(2): 86-88.

Prasad, T. G.; Udayakumar, M. S.; Ramarao e Krishnashastry, K. S. 1977. Mobilização de metabolitos 14C em cabeças de girassol induzida por regulador de crescimento. *Indian J. Exp. Biol.*, 15: 1022-1024.

Rademachar, W. 2000. Retardadores de crescimento: Effects on gibberellin biosynthesis and other metabolic pathways (Efeitos na biossíntese de giberelina e outras vias metabólicas). *Annu. rev. plant physiol. plant mol. biol.*, 51: 501531.

Rajkumar; Singh; Kumar, M.; Syamal, M. M. e Kumar Harit. 2013. Efeito do cycocel na floração, frutificação e rendimento do quiabo (*Abelmoschus esculentus* (L.) Moench) cv. Kashi Pragati. *Crop Res.*, **46**: 205-207.

Rajput, J. C.; Nayakwadi, M. B.; Jamadagni, B. M. e Salvi, M. J. 1981. Effect of seed treatment with growth regulators on growth and yield of bhendi. Seed and Farms, **7**(12): 59-63.

Rani, M.; Jyothi, K. e Kumar, M. 2013. Estudo sobre o efeito dos reguladores de crescimento e micronutrientes nos componentes do rendimento e na absorção de nutrientes do quiabo (*Abelmoschus esculentus* (L.) Moench) cv. Arka Anamika. *Inter. J. Agri. Envir. Biotech*, **6**: 117-119.

Rathod, R. R. e Patel, C. L. 1994. Efeito da irrigação e do cycocel no crescimento e rendimento do quiabo de verão (*Abelmoschus esculentus* (L.) Moench). Universidade Agrícola de Gujarat, *Res. J.*, 22: 109-111.

Ravat, A. K. e Makani, N. 2015. Influência dos reguladores de crescimento vegetal no crescimento, rendimento e qualidade das sementes de quiabo (*Abelmoschus esculentus* L. Moench) cv. GAO-5 sob condições médias de Gujarat. *Int. J. Agric. Sci.*, **11**(1): 151-157.

Ray, S. e Choudhary, M. A. 1981. Efeito dos reguladores de crescimento das plantas no enchimento do grão e no rendimento do arroz. *Ann. Bot.*, **47**(6): 755-758.

Reddy, D. M. V.; Chandrashekhara, B. P. e Chandrashekhara. R. 1997. Estudo do efeito do pinçamento apical e do desbaste de frutos na produção e na qualidade das sementes de quiabo (Abelmoschus esculentus (L.) Moench). *Seed Res.*, **25**(1): 41-44.

Sahu, P. e Bishwal, M. 2017. Efeito dos tratamentos de pinçamento no crescimento, floração e rendimento do quiabo cv. Pusa A4. *Tendência. Biosci.*, **10**(17): 3089-3092.

Sajjan, A. S.; Shekar Gowda, M. e Biradar, B. D. 2004. Rendimento e qualidade das sementes de quiabo (*Abelmoschus esculentus* (L.) Moench) influenciados pelo pinçamento apical e pela colheita de frutos. *Seed Res.*, **32**(2): 221-223.

Sajjan, A. S.; Shekhargouda, M.; Pawar, K. N. e Vyakarnahal, B. S. 2003. Efeito de produtos químicos reguladores no crescimento, atributos de rendimento e rendimento de sementes em quiabo. [*Abelmoschus esculentus* (L.) Moench]. *Orissa J. Hort.*, **31**(2): 37-41.

Sanodiya, K.; Pandey, G.; Kacholli, P. e Dubey, A. K. 2017. Efeito do regulador de crescimento no crescimento, rendimento e parâmetros de qualidade das sementes de quiabo (*Abelmoschus esculentus* L.) cv. Utkal Gaurav. *Inter J. Curr. Microbiol. App. Sci.*, **6**(10): 3551-3556.

Schippers, R. R. 2000. Uma visão geral das espécies cultivadas. *African indigenous vegetable,* 103-118.

Shahid, M. R.; Amjad, M.; Ziaf, K.; Ahmad S.; Jahangir, M. M. e Nawaz, A. 2013. Crescimento, rendimento e produção de sementes de quiabo como influenciado por diferentes reguladores de crescimento. *Pak. J. Agri. Sci.*, **50**(3): 387-392.

Sharma, A. K. 2001. Efeito da embebição da semente em água normal e substâncias de crescimento vegetal no quiabo (*Abelmoschus Esculentus* (L.) Moench cv. Varsha Uphar (Dissertação de doutoramento, Culturas hortícolas, CCSHAU, Hisar).

Sharma, B. R. e Arora, S. K. 1993. Improvement of okra. Advances in Horticulture. *Vegetable Crop,* 5: 343-364.

Singh, P. K. 2013. Efeito dos retardadores de crescimento nos caracteres reprodutivos e no rendimento do quiabo cv. Parbhani Kranti. *Indian J. Hort.*, **70**(1): 154-155.

Singh, V. 2003. Effect of growth regulators and spacing on growth, seed yield and quality of okra (*Abelmoschus esculentus* (L.) Moench). Tese de doutoramento (não publicada) apresentada à Universidade Chandra Shekhar Azad de Agricultura e Tecnologia, Kanpur.

Surendra, P.; Nawalagatti, C. M.; Chetti, M. B. e Hiremath, S. M. 2006. Efeito dos reguladores de crescimento das plantas e dos micronutrientes nas características morfo-fisiológicas e bioquímicas e no rendimento do quiabeiro. *Karnataka J. Agric. Sci.*, **19**(3): 694-697.

Tahir, M. T.; Anjum, M. A.; Saqib, M.; Khalid, M. F. e Hussain, S. 2019. O primig de sementes e a aplicação foliar de reguladores de crescimento de plantas afetam o crescimento e o rendimento do quiabo em solos calcários. *Ata Sci. Pol. Hortorum Cultus,* **18**(4): 25-33.

Tindall, H. D. 1986. Vegetables in the Tropics. Primeira edição. MacMillian Press Ltd., Londres. pp: 328.

Vanitha, S. M.; Chaurasia, S. N. S.; Singh, P. M. e Naik, P. S. 2013. Estatísticas de vegetais. *Tech. Bull,* IIVR, Varanasi, **51:** 250.

Vijaykumar, A.; Dharmalingam, C. e Sambandmurthl. 1988. Effect of pre-sowing treatment on seed yield and quality in bhendi. South Indian Horticulture, **36** (3): 118-120.

Wang, Y. H.; Zhang, G.; Chen, Y.; Gao, J.; Sun, Y. R.; Sun, M. F. e Chen, J. P. 2019. A aplicação exógena de ácido giberélico e ácido ascórbico melhorou a tolerância das mudas de quiabo ao estresse de NaCl. *Ata. Phys. Plant.,* **41**(6): 93.

Wenyonu, D. K.; Norman, J. C. e Amissah, N. 2011. Influência do encabeçamento e do espaçamento entre linhas no crescimento, floração e colheita do quiabo (*Abelmoschus esculentus* (L.) Moench). *Gana. J. Horti.,* **9**: 79-94.

APÊNDICE I

Dados meteorológicos médios semanais sobre a temperatura máxima e mínima, a humidade relativa e a chuva registados desde a sementeira até à colheita da cultura do quiabo no período de colheita *kharif* 2021 na Sagdividi Farm, College of Agriculture, Junagadh Agricultural University, Junagadh.

Mês	Padrão semana	Temperatura (^{0} C)		Humidade relativa (%)		Chuva (mm)
		Maximum	Mínimo	Manhã	Noite	
julho 2021	29	31.4	25.0	76	81	49.1
	30	30.3	24.6	92	82	123.8
	31	30.5	24.8	85	71	2.0
agosto 2021	32	32.5	24.3	88	65	7.6
	33	32.9	24.3	84	57	8.1
	34	31.8	23.8	90	73	14.4
	35	32.3	23.4	89	69	69.2
setembro 2021	36	30.1	23.7	94	83	179.3
	37	29.3	24.5	96	88	393.4
	38	30.4	25.0	94	77	55.7
	39	30.6	24.2	92	80	156.6
outubro 2021	40	33.1	25.1	86	61	16.7
	41	34.1	24.3	81	68	60.9
	42	34.5	20.2	72	35	0.0
	43	33.1	20.2	78	39	0.0

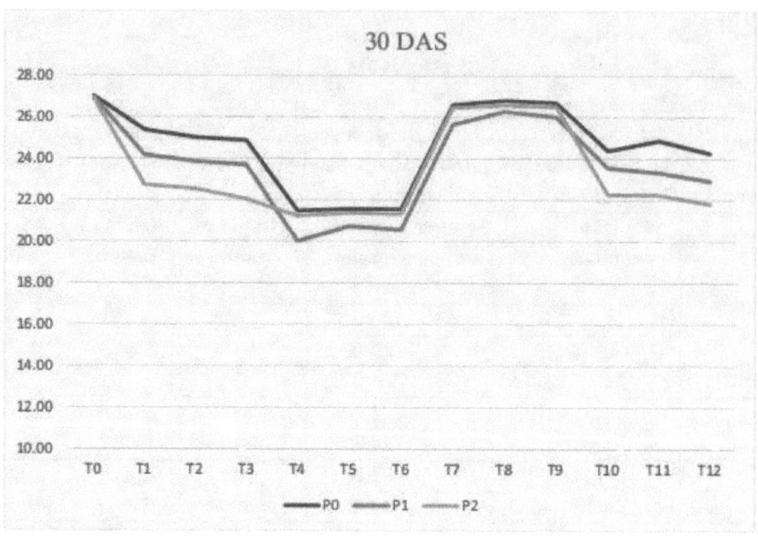

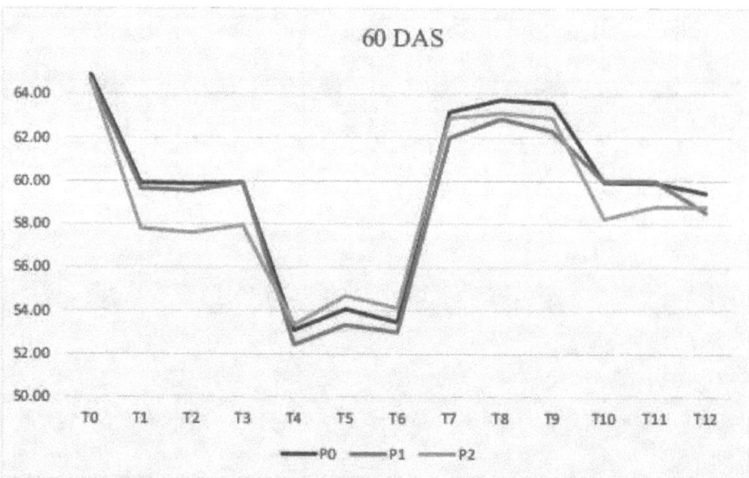

Fig. 4.2. Interação entre o pinching apical e o retardador de crescimento na altura da planta aos 30, 60, 90 e colheita

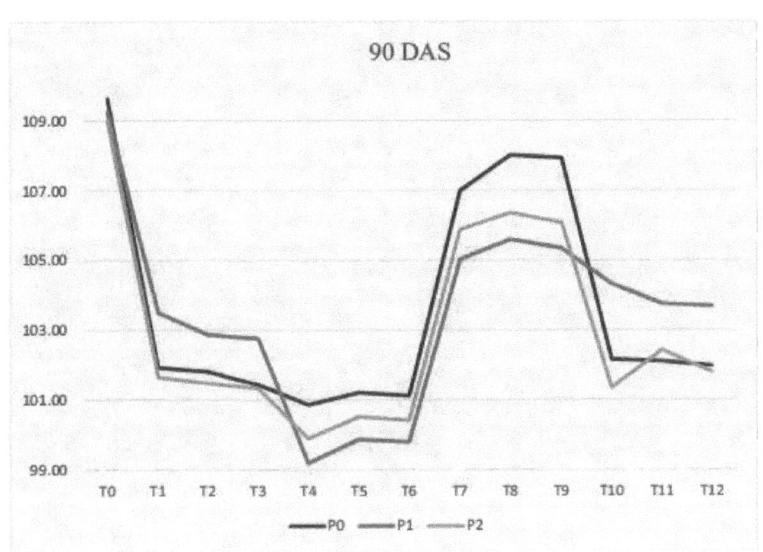

90 DAS
109.00
107.00
105.00
103.00
101.00
99.00
T0 T1 T2 T3 T4 T5 T6 T7 T8 T9 T10 T11 T12
P0 P1 P2

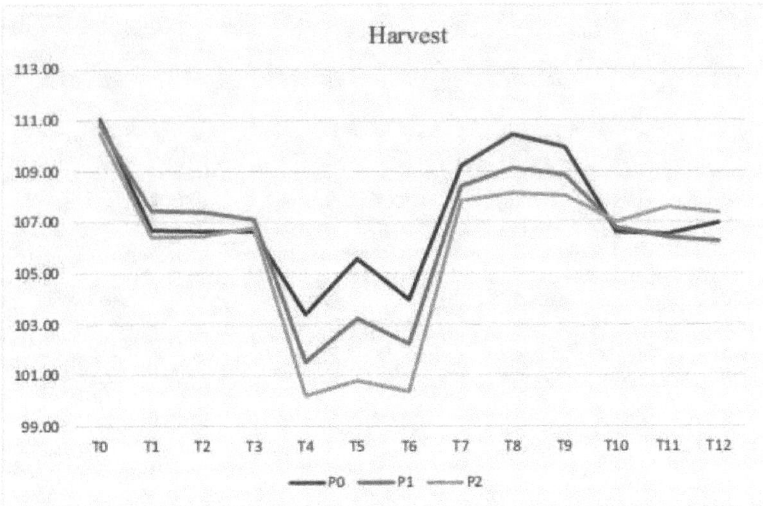

Harvest
113.00
111.00
109.00
107.00
105.00
103.00
101.00
99.00
T0 T1 T2 T3 T4 T5 T6 T7 T8 T9 T10 T11 T12
P0 P1 P2

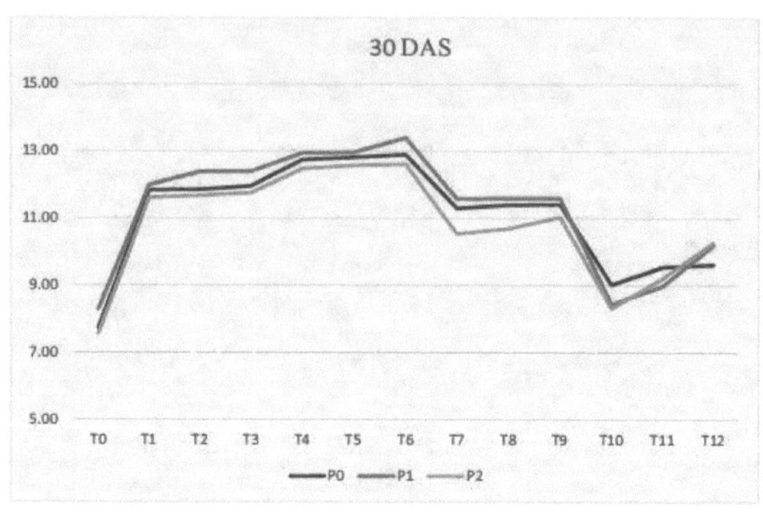

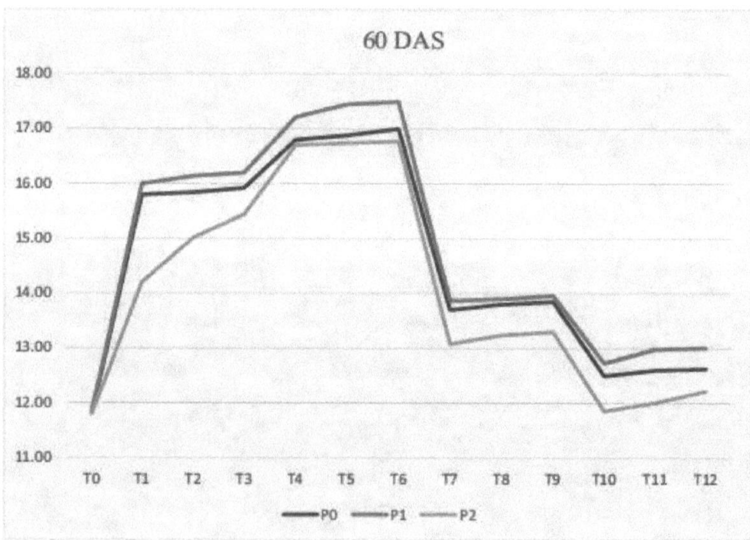

Fig. 4.4. Interação entre o pinching apical e o retardador de crescimento no número de folhas aos 30, 60, 90 e na colheita

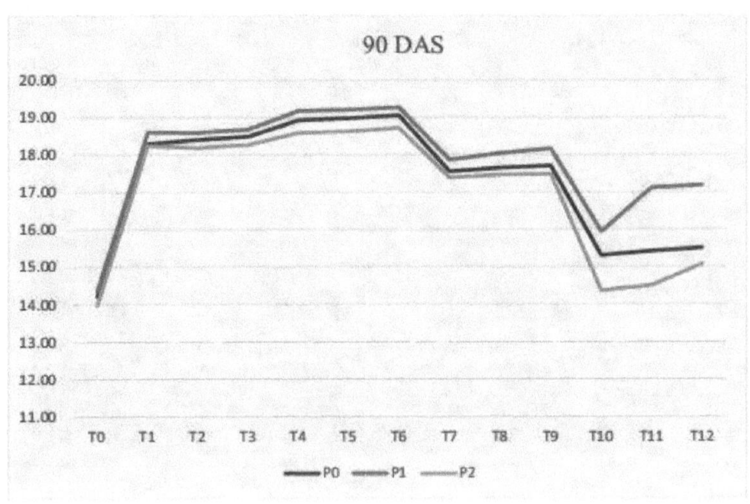

90 DAS
20.00
19.00
18.00
17.00
16.00
15.00
14.00
13.00
12.00
11.00
T0 T1 T2 T3 T4 T5 T6 T7 T8 T9 T10 T11 T12
P0 P1 P2

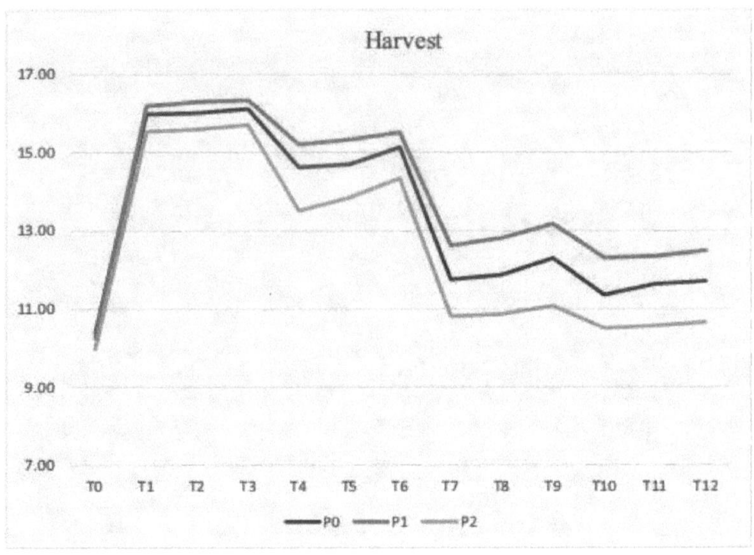

Harvest
17.00
15.00
13.00
11.00
9.00
7.00
T0 T1 T2 T3 T4 T5 T6 T7 T8 T9 T10 T11 T12
P0 P1 P2

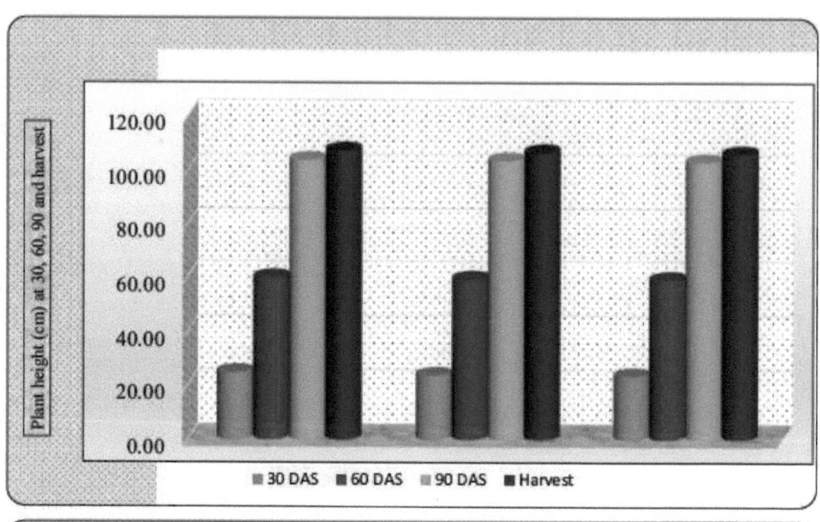

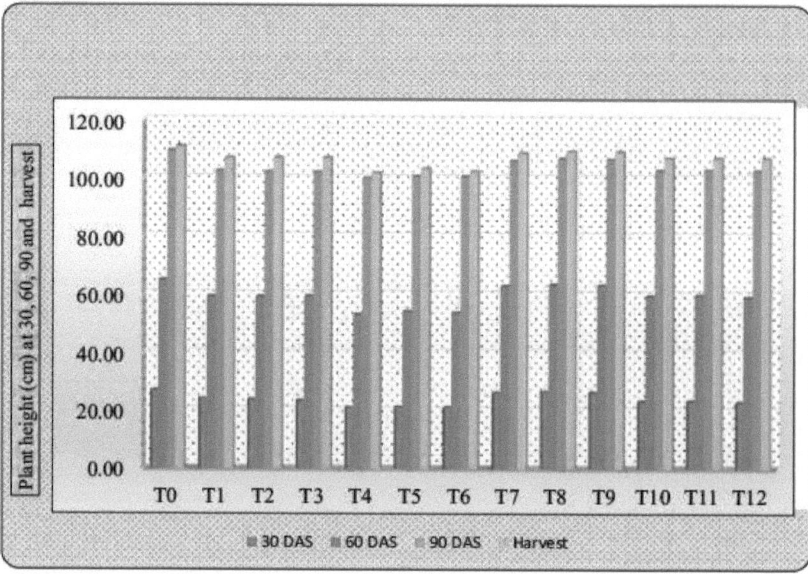

Fig. 4.1. Efeitos do pinçamento apical e do retardador de crescimento na altura da planta aos 30, 60, 90 e na colheita

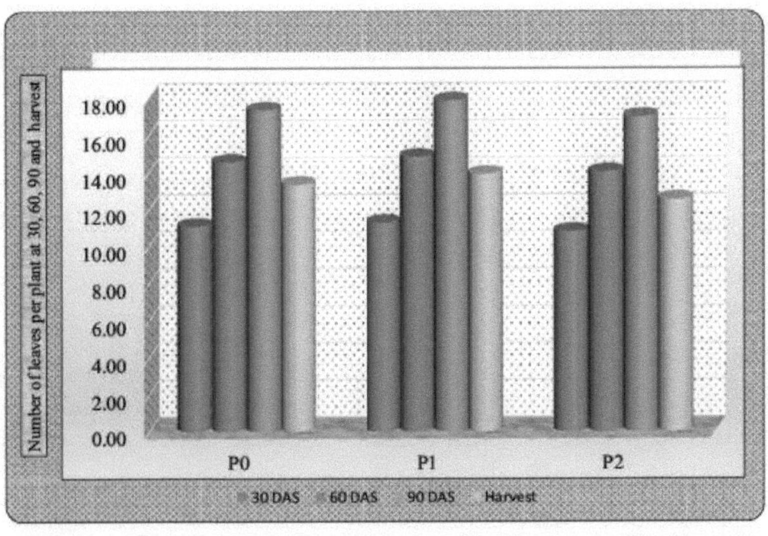

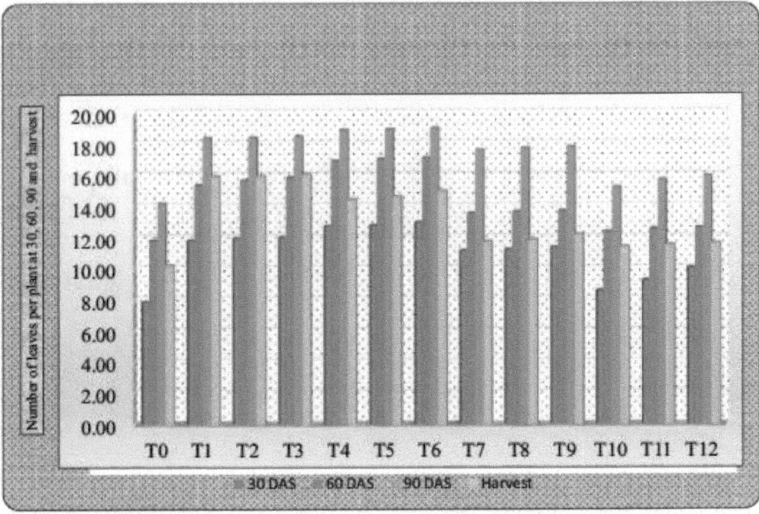

Fig. 4.3. Efeitos do pinçamento apical e do retardador de crescimento no número de folhas aos 30, 60, 90 e na colheita

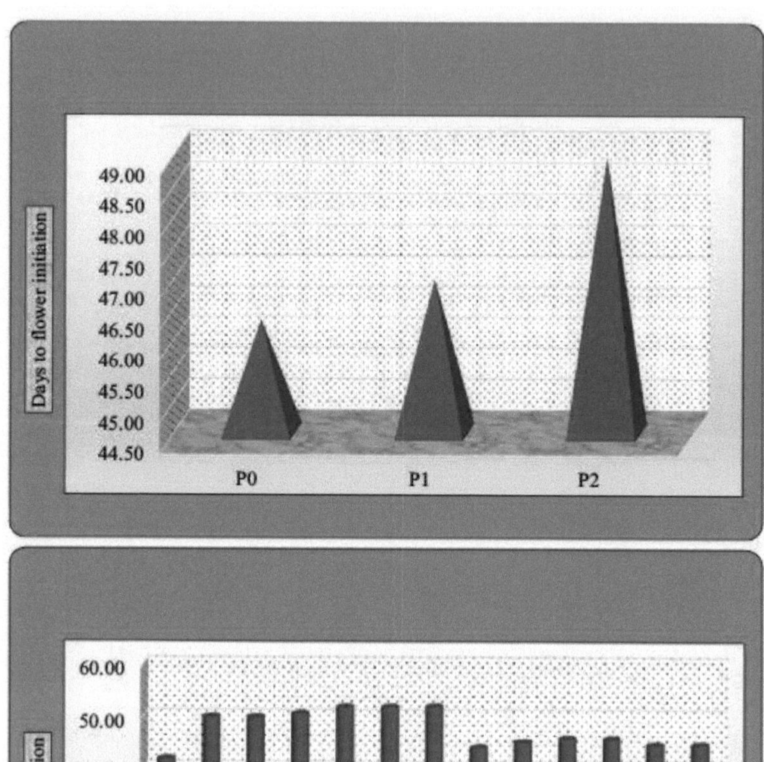

Fig. 4.5. Efeitos do pinçamento apical e do retardador de crescimento nos dias para o início da floração

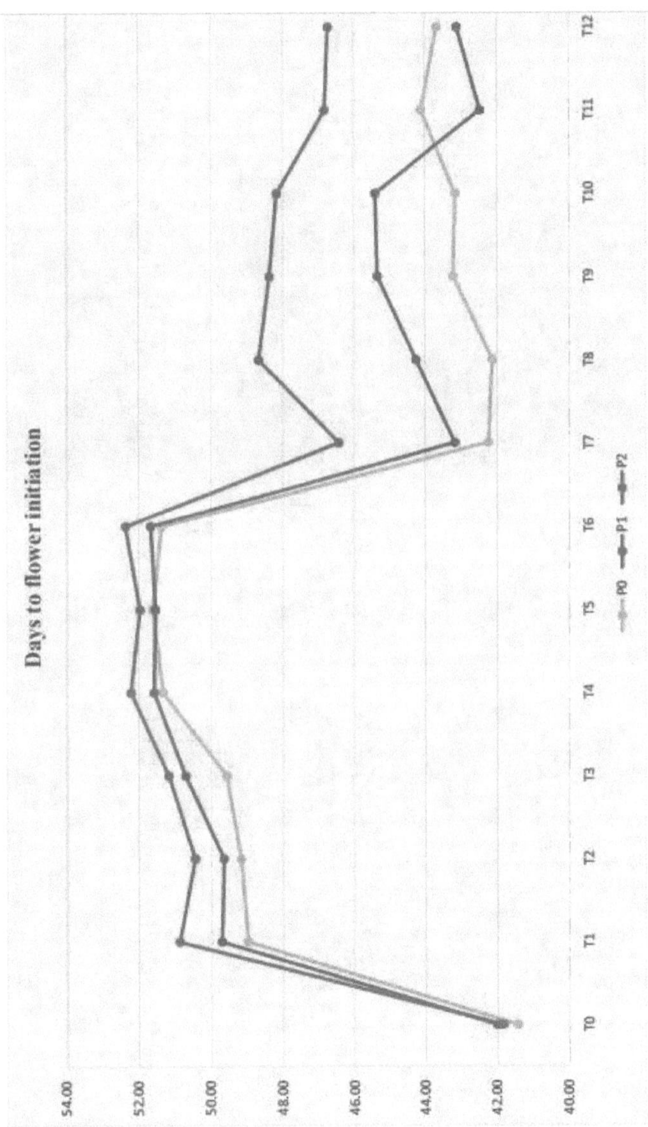

Fig. 4.6. Interação entre o pinçamento apical e o retardador de crescimento nos dias para o início da floração

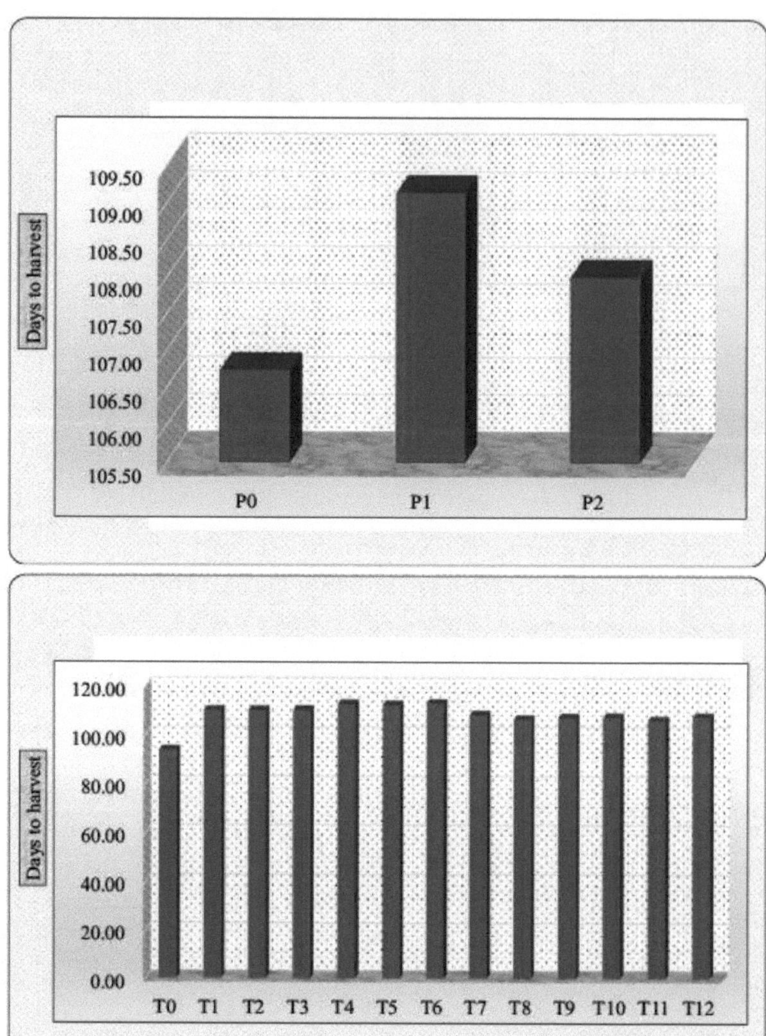

Fig. 4.7. Efeitos do pinçamento apical e do retardador de crescimento nos dias de colheita

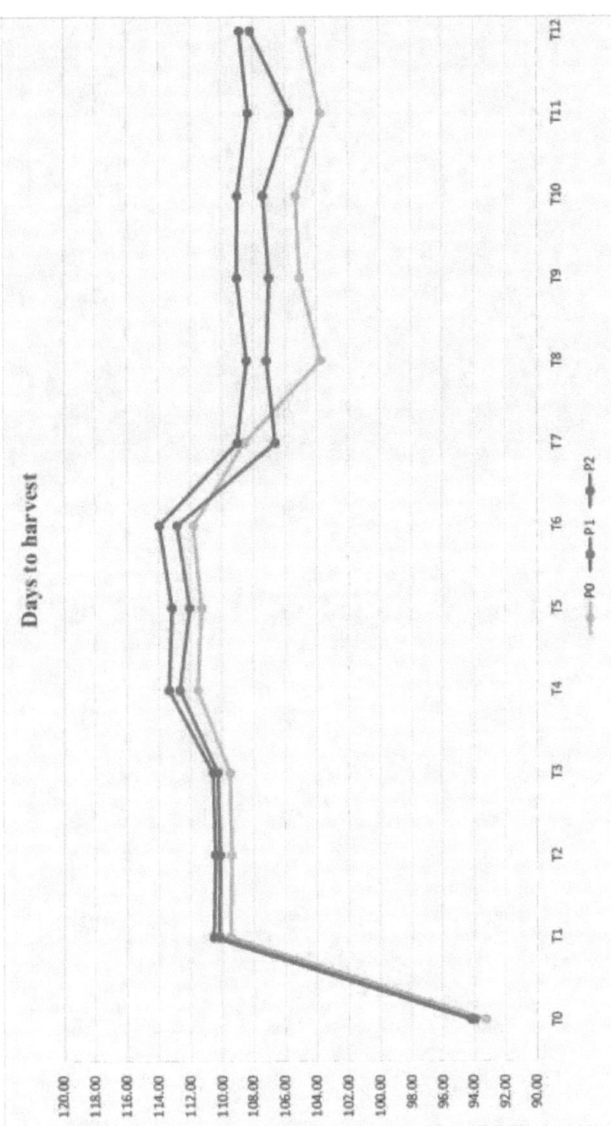

Fig. 4.8. Interação entre o pinching apical e o retardador de crescimento nos dias de colheita

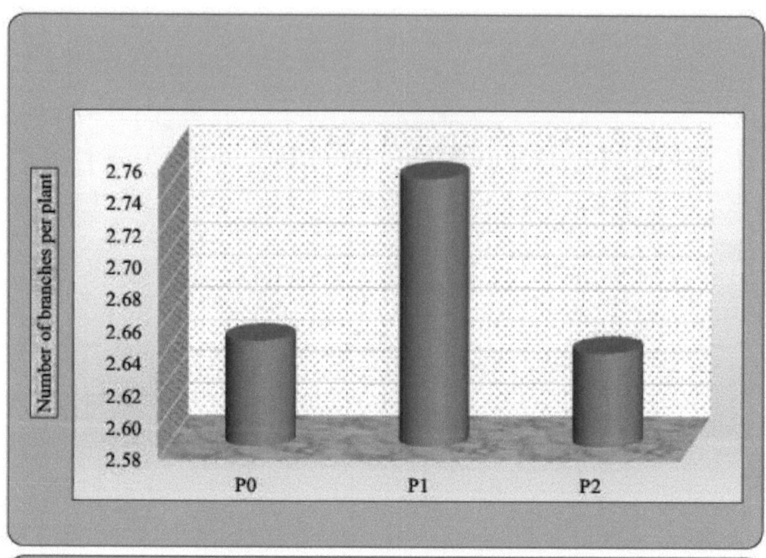
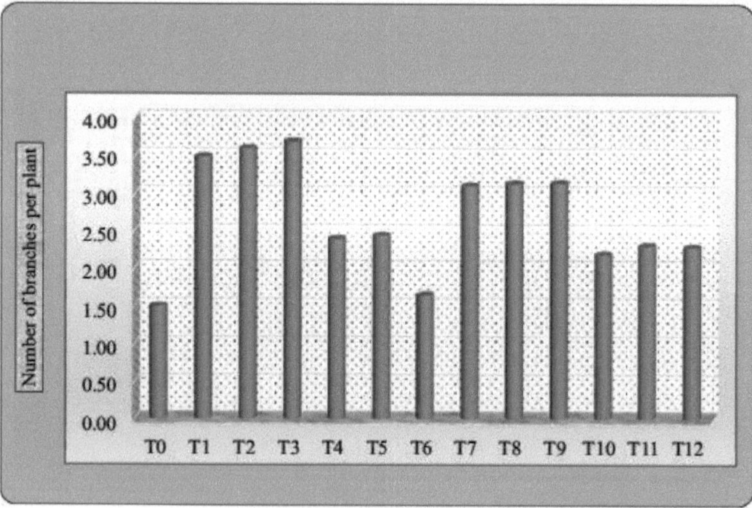

Fig. 4.9. Efeitos do pinçamento apical e do retardador de crescimento no número de ramos por planta

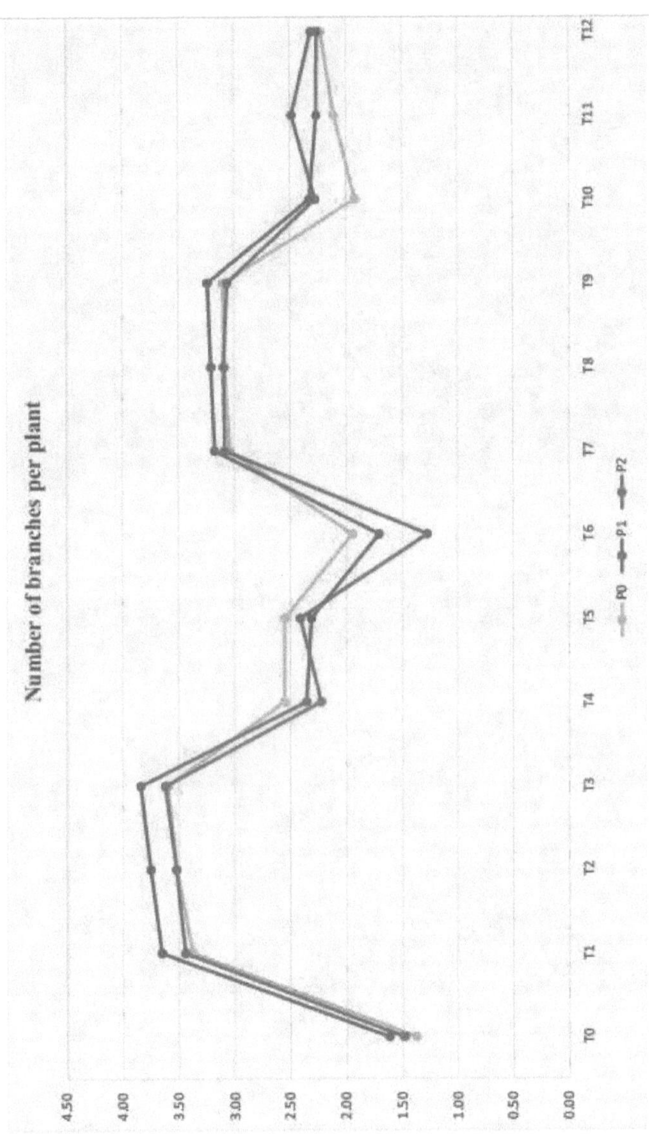

Fig. 4.10. Interação do pinçamento apical e do retardador de crescimento no número de ramos por planta

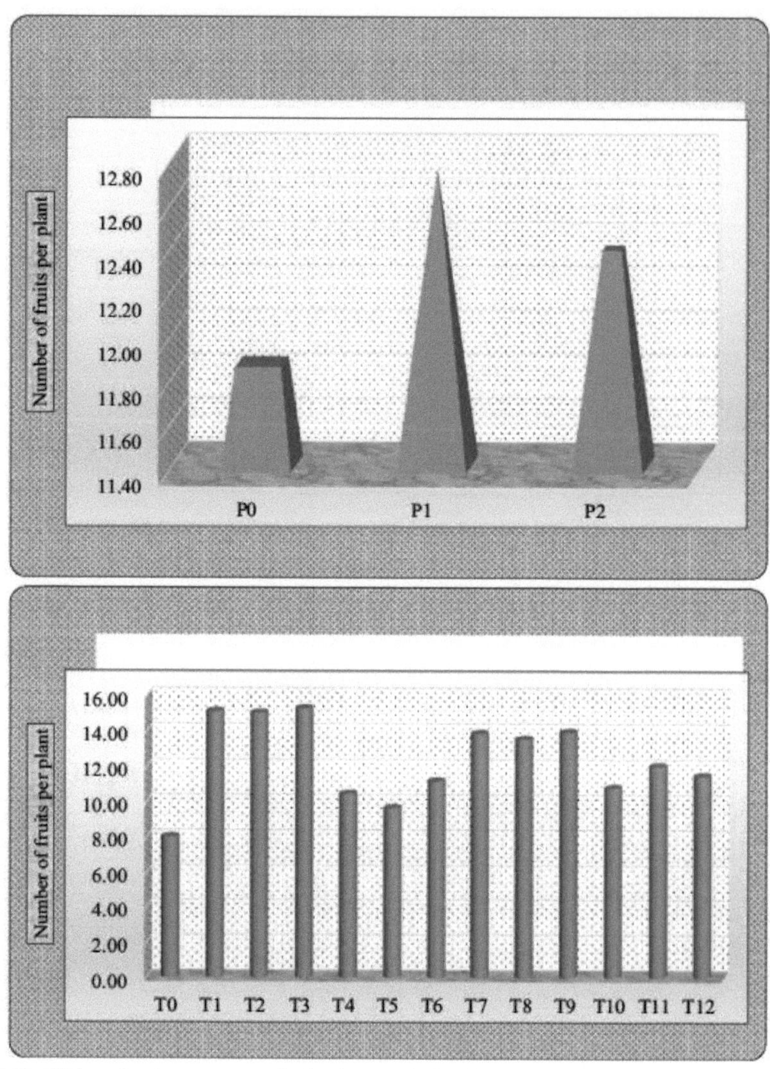

Fig. 4.11. Efeitos do pinçamento apical e do retardador de crescimento no número de frutos por planta

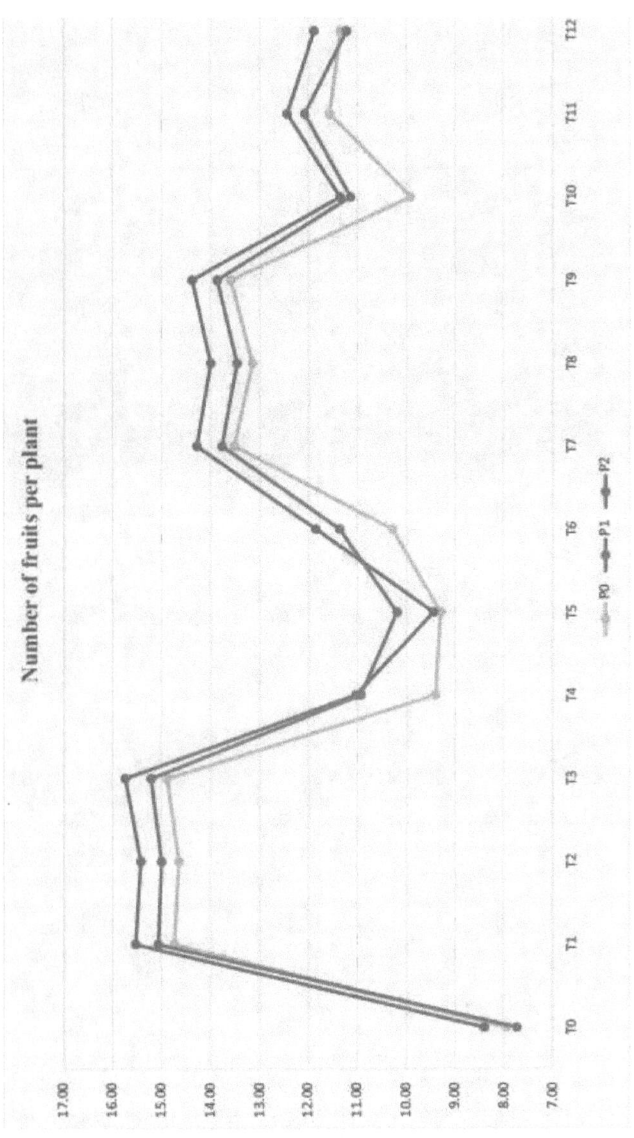

Fig. 4.12. Interação entre o pinching apical e o retardador de crescimento no número de frutos por planta

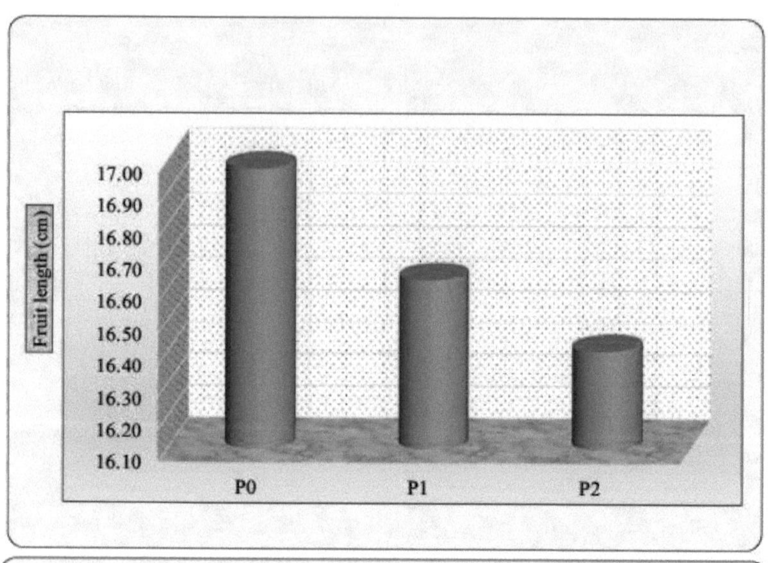

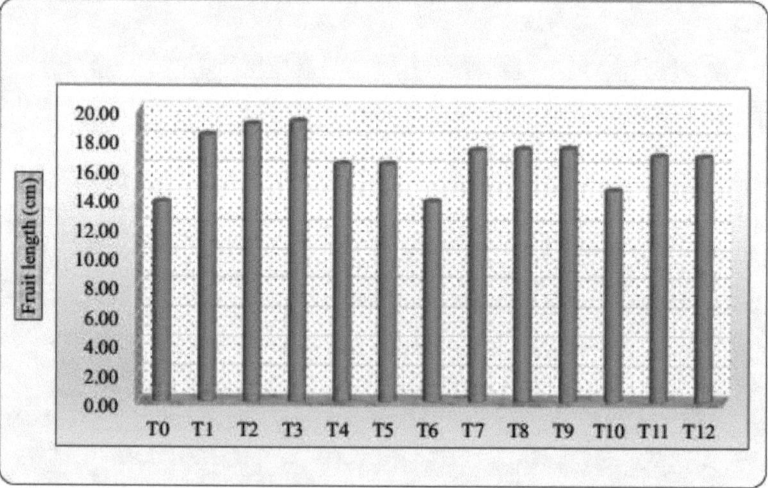

Fig. 4.13. Efeitos do pinçamento apical e do retardador de crescimento no comprimento do fruto (cm)

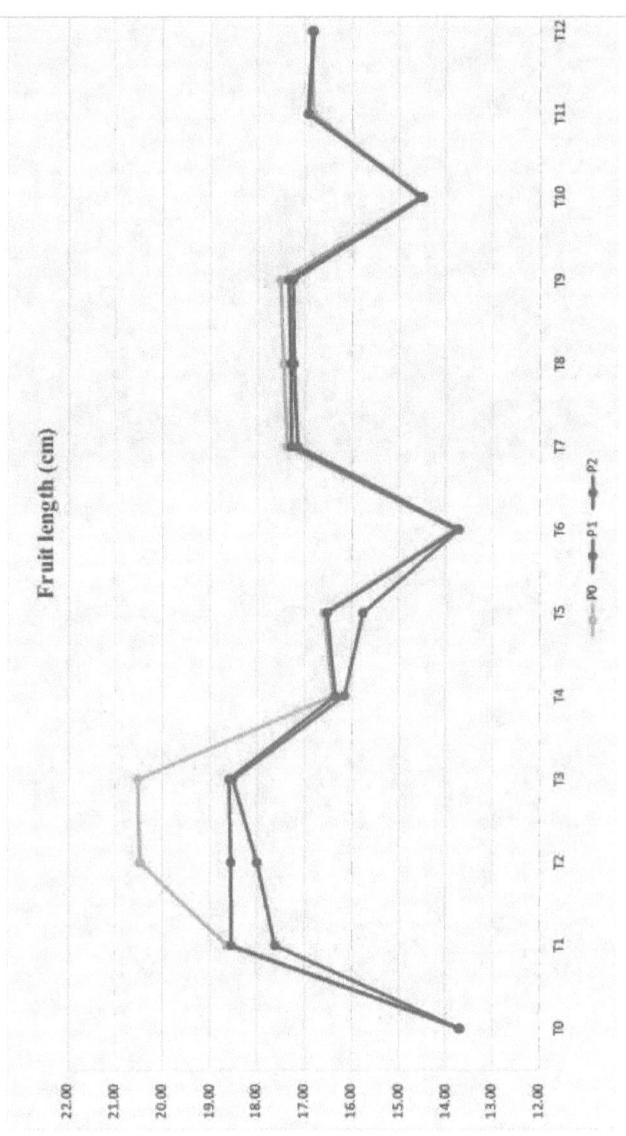

Fig. 4.14. Interação do pinchamento apical e do retardador de crescimento no comprimento do fruto (cm)

91

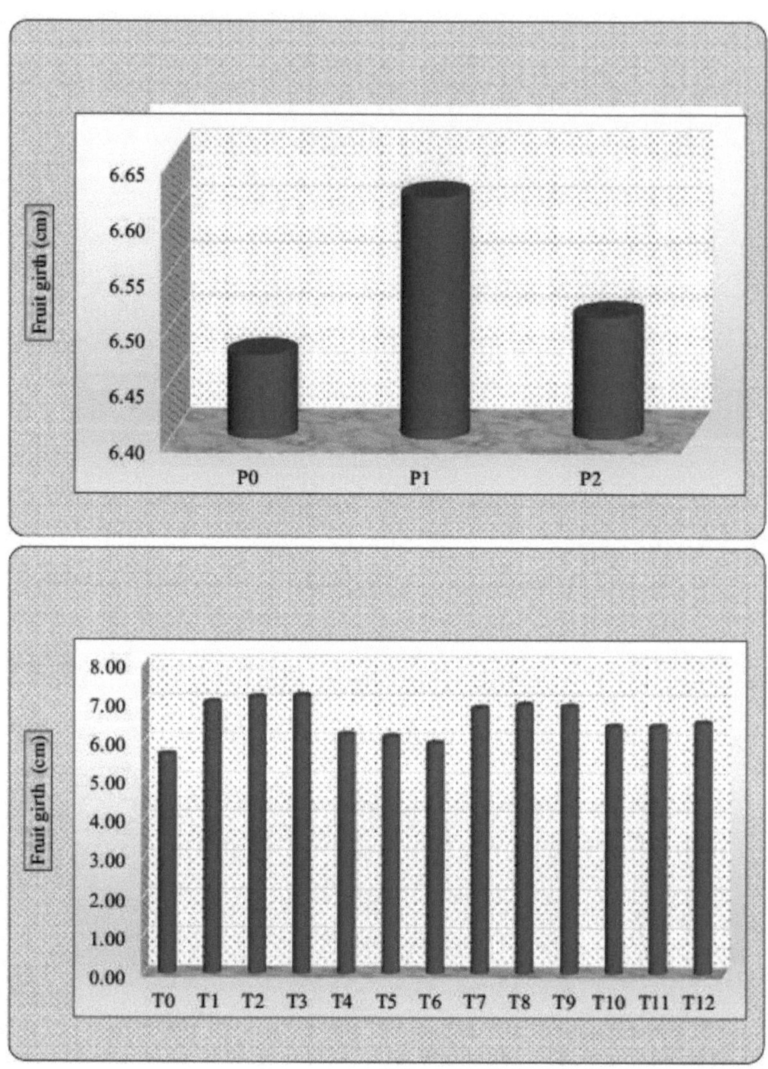

Fig. 4.15. Efeitos do pinçamento apical e do retardador de crescimento na circunferência do fruto (cm)

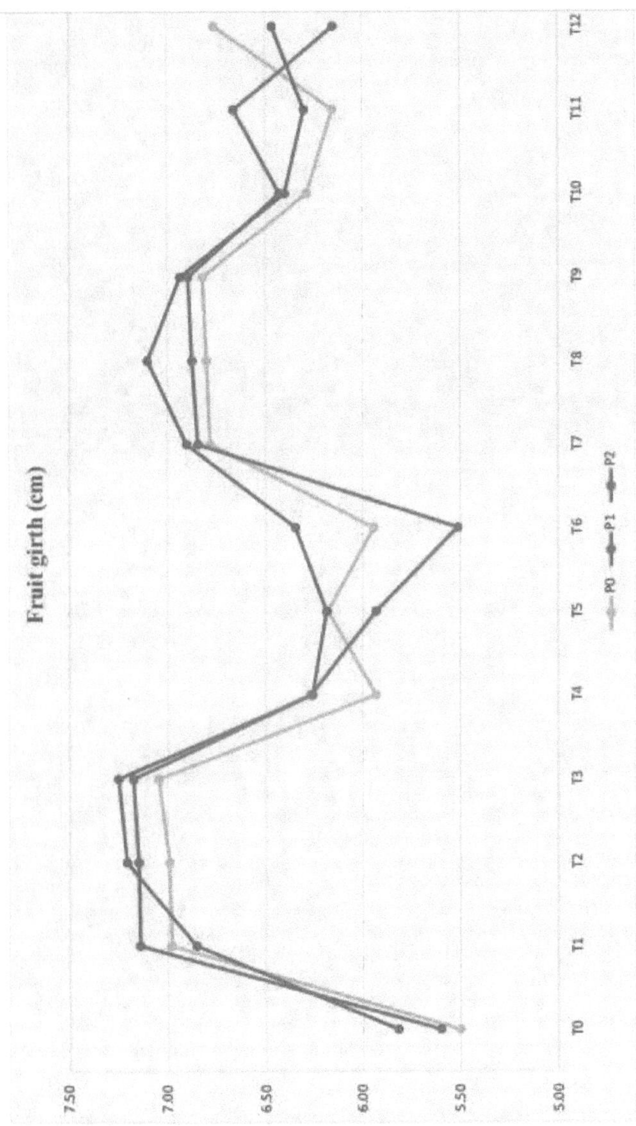

Fig. 4.16. Interação entre o pinchamento apical e o retardador de crescimento no perímetro do fruto (cm)

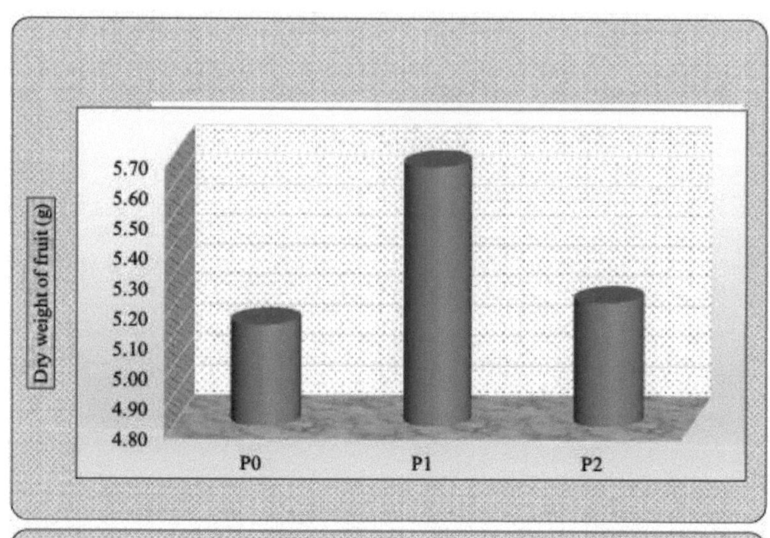

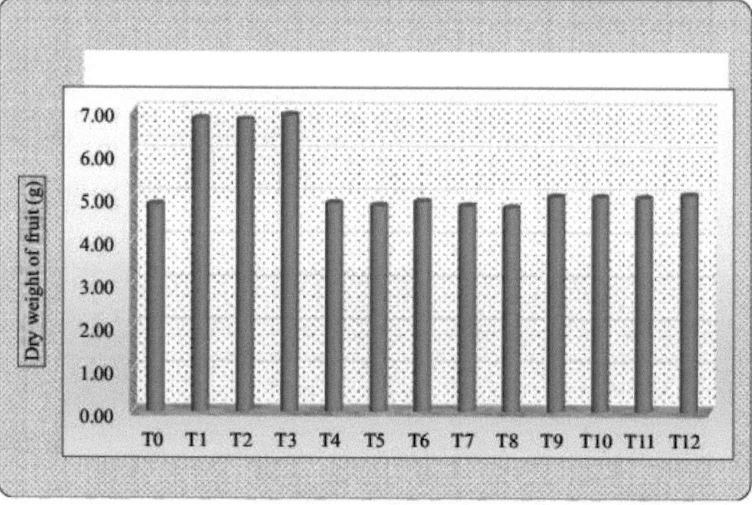

Fig 4.17. Efeitos do pinçamento apical e do retardador de crescimento no peso seco do fruto (g)

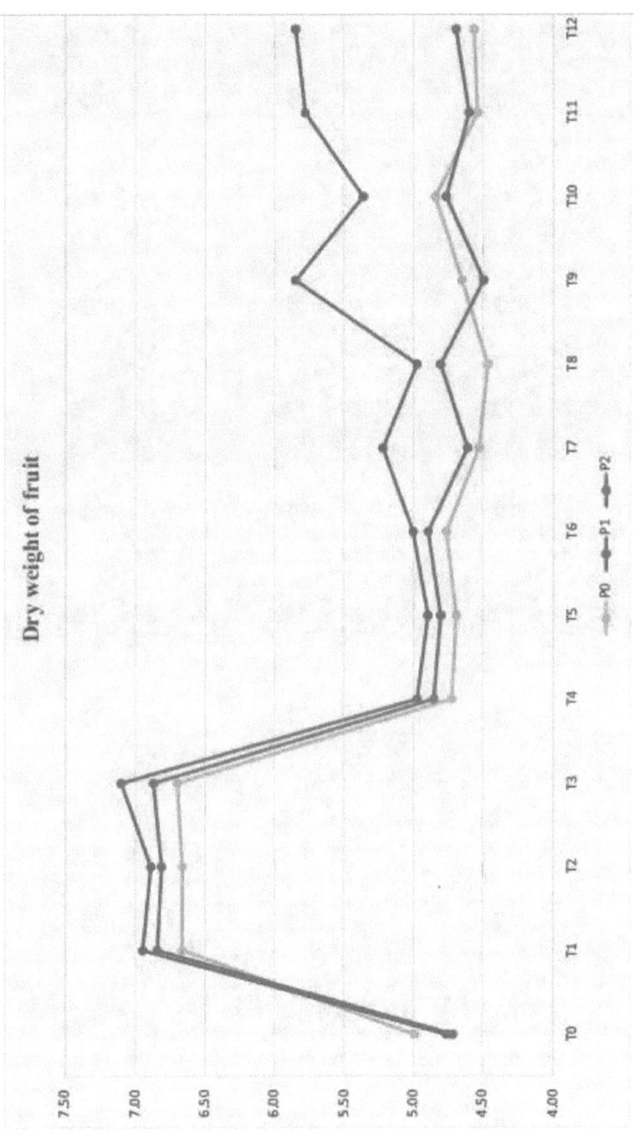

Fig. 4.18. Interação do pinchamento apical e do retardador de crescimento no peso seco do fruto (g)

95

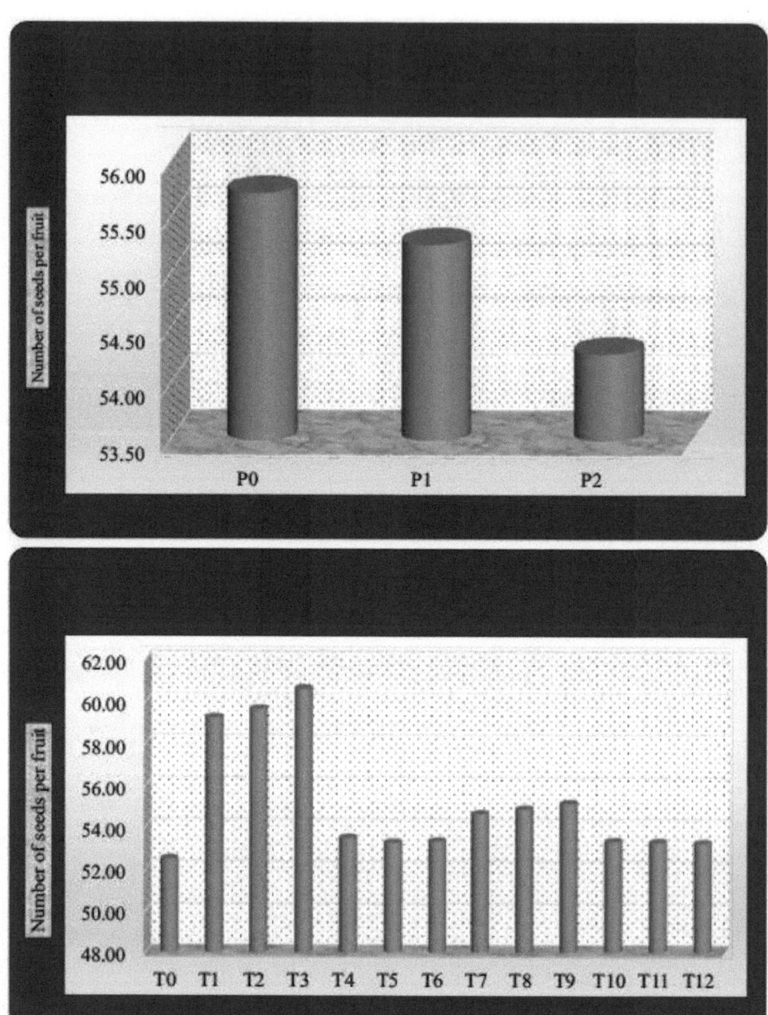

Fig. 4.19. Efeitos do pinçamento apical e do retardador de crescimento no número de sementes por fruto

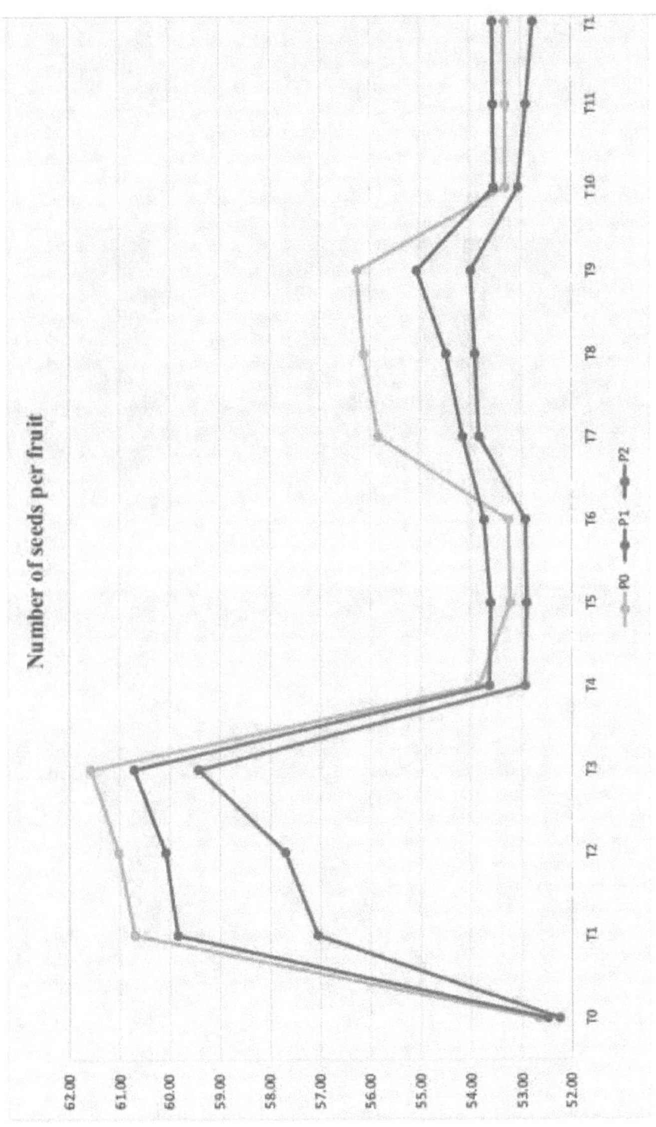

Fig. 4.20. Interação entre o pinching apical e o retardador de crescimento no número de sementes por fruto

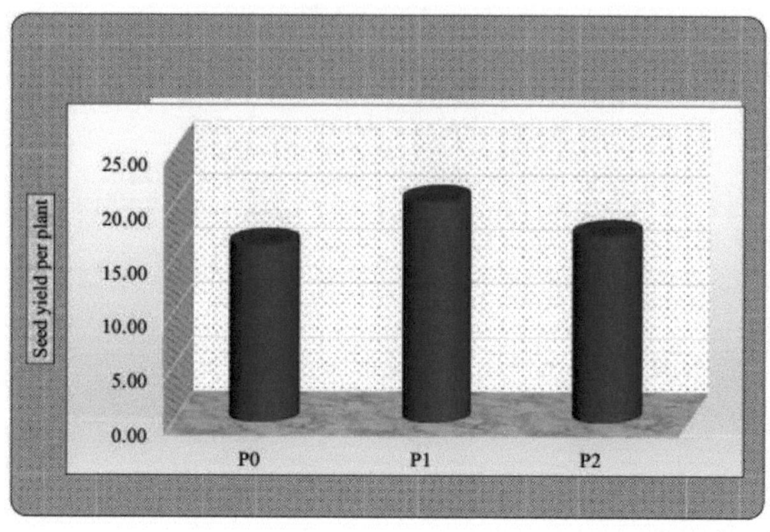

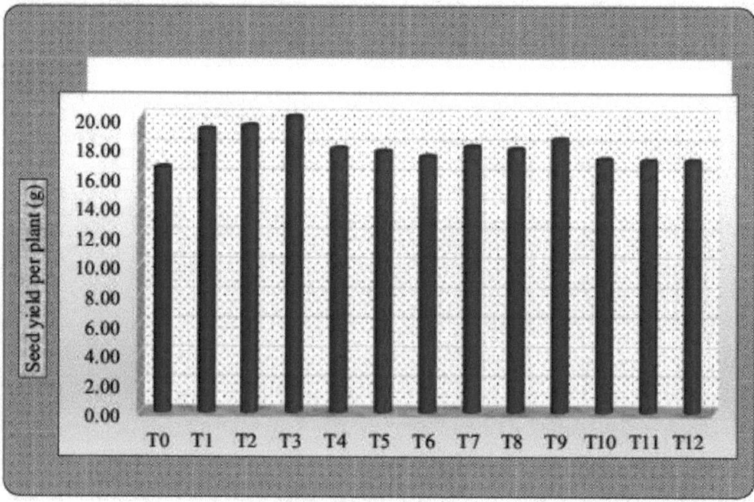

Fig 4.21 Efeitos do pinçamento apical e do retardador de crescimento na produção de sementes por planta (g)

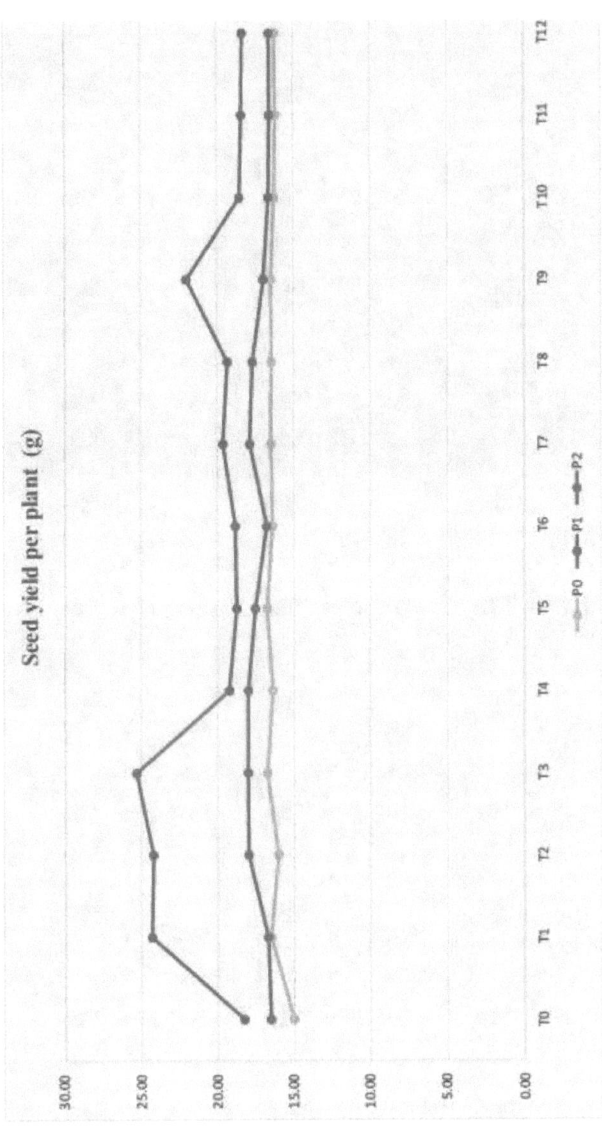

Fig. 4.22. Interação entre o pinching apical e o retardador de crescimento na produção de sementes por planta (g)

99

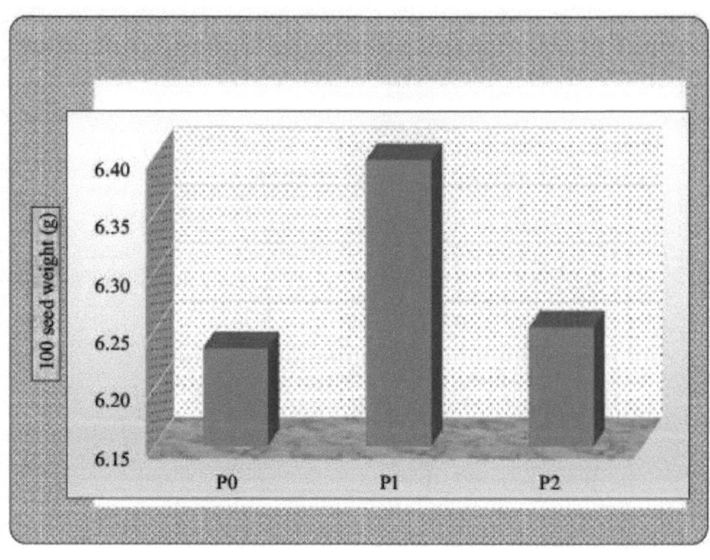

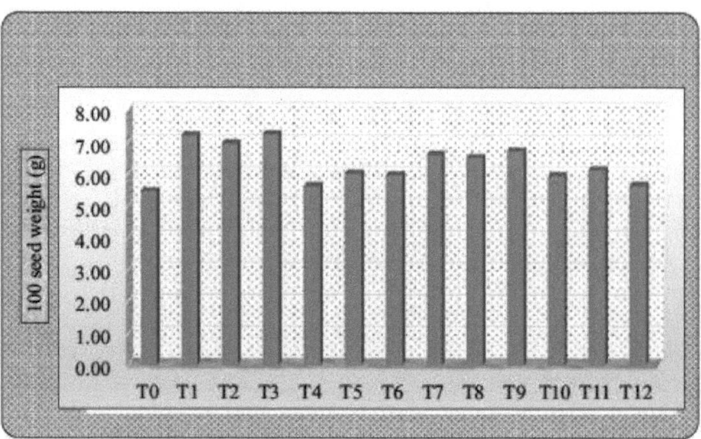

Fig. 4.23. Efeitos do pinçamento apical e do retardador de crescimento no peso de 100 sementes (g)

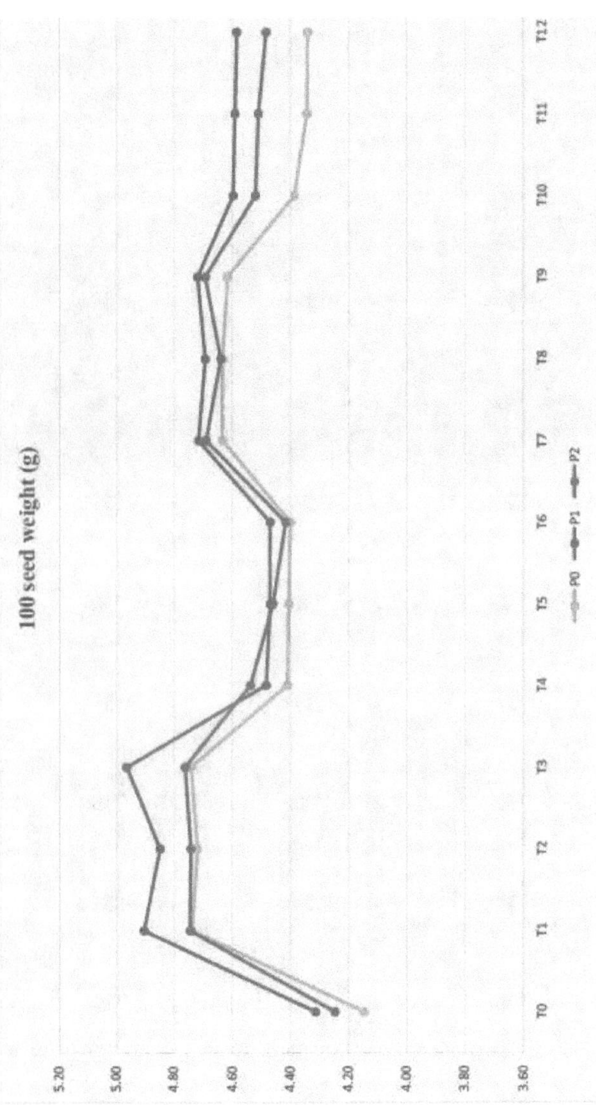

Fig. 4.24. Interação entre o pinching apical e o retardador de crescimento no peso de 100 sementes (g)

101

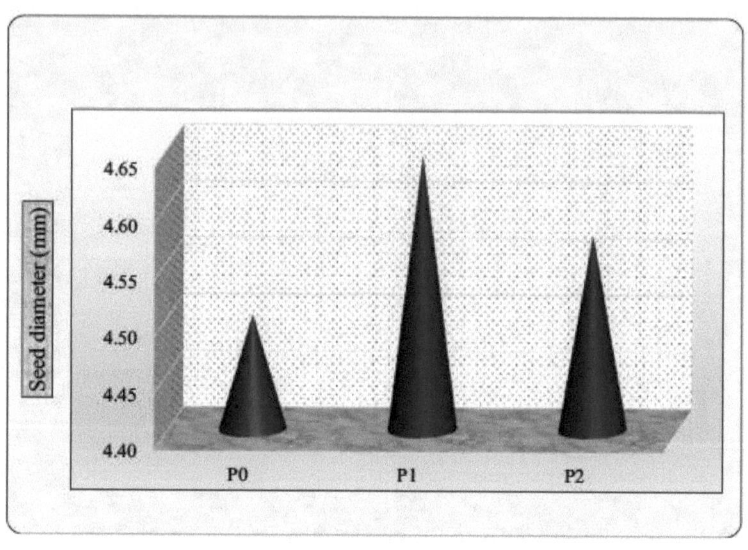

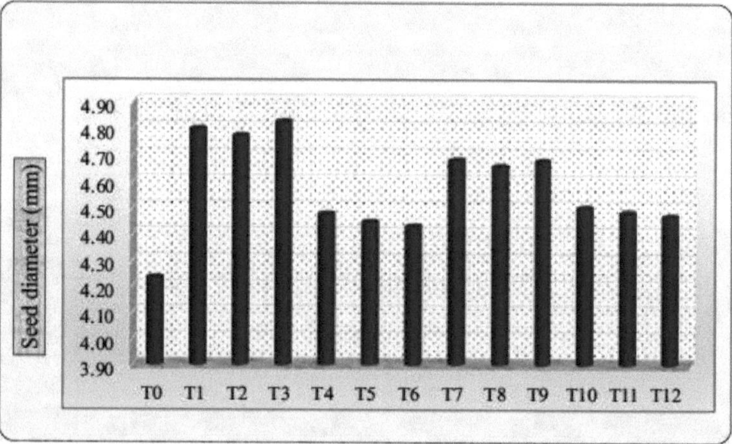

Fig. 4.25. Efeitos do pinçamento apical e do retardador de crescimento no diâmetro da semente (mm)

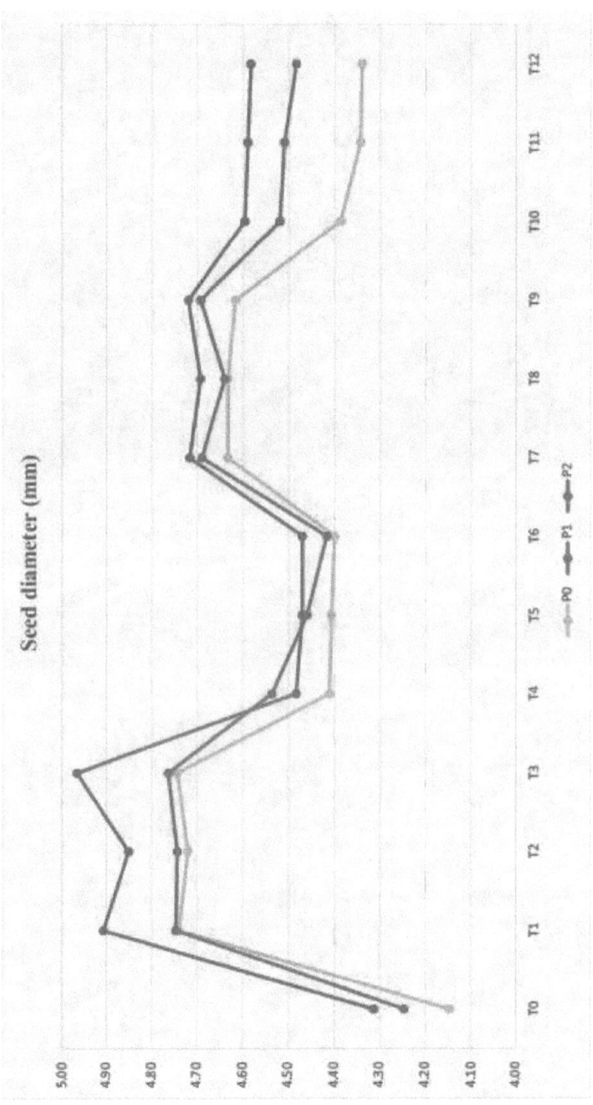

Fig. 4.26. Interação entre o pinching apical e o retardador de crescimento no diâmetro da semente (mm)

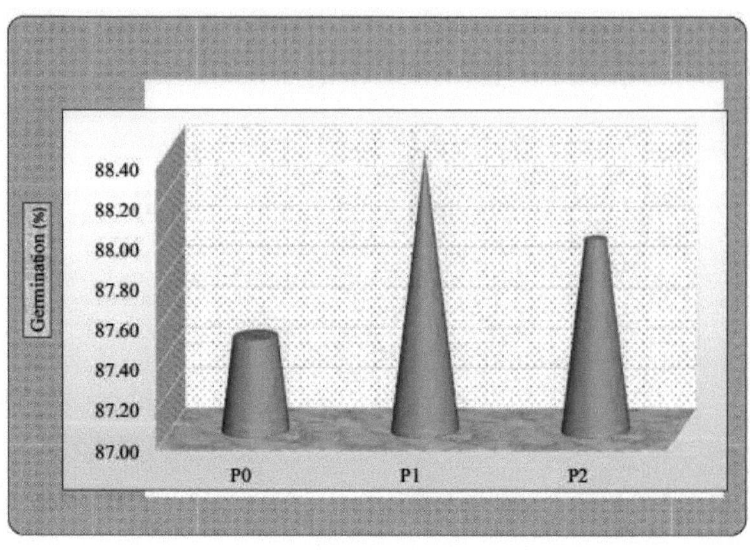

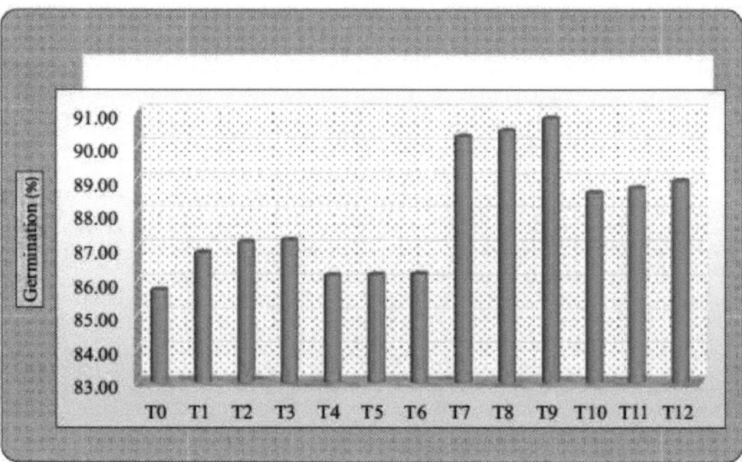

Fig. 4.27. Efeitos do pinçamento apical e do retardador de crescimento na germinação (%)

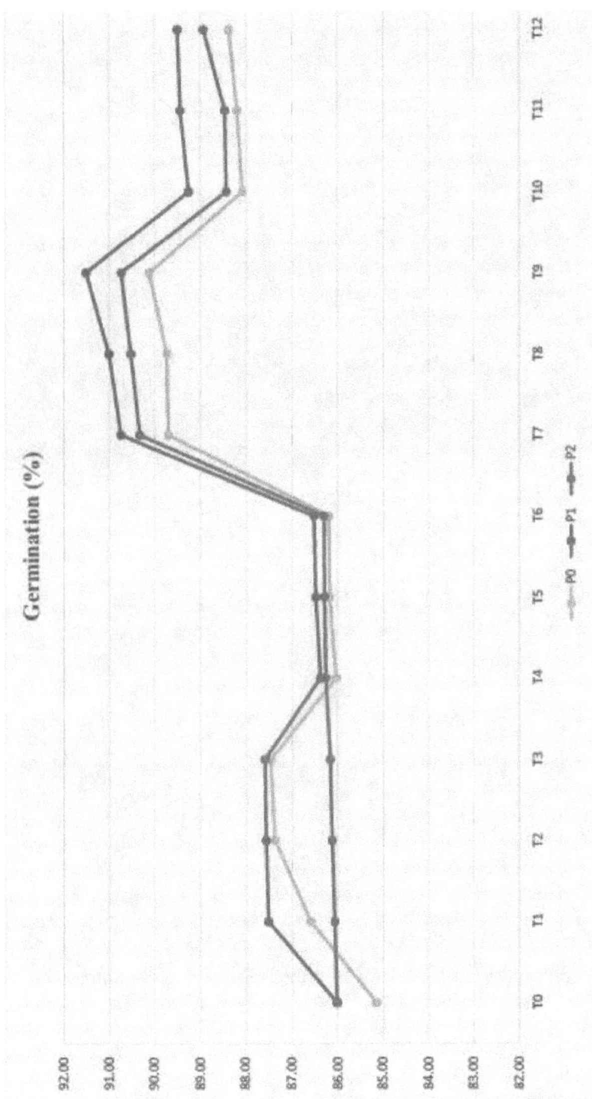

Fig. 4.28. Interação entre o pinching apical e o retardador de crescimento na germinação (%)

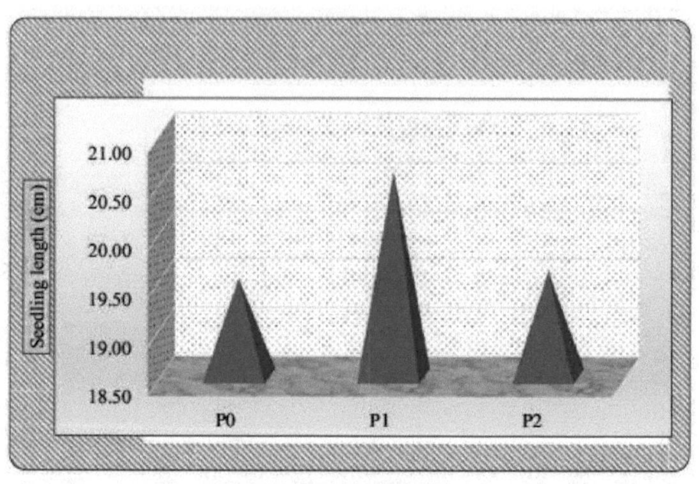

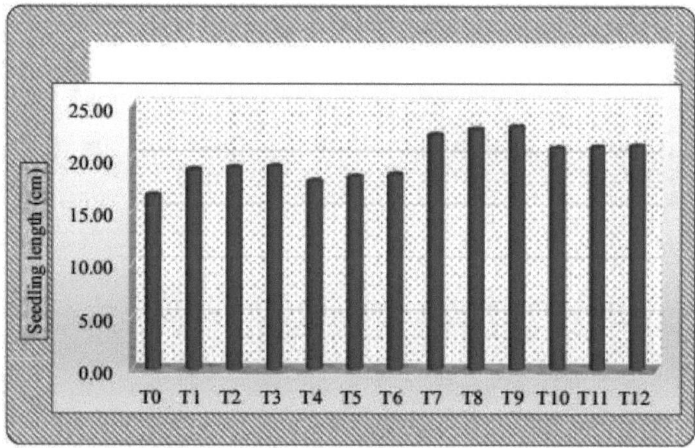

Fig. 4.29. Efeitos do pinçamento apical e do retardador de crescimento no comprimento das plântulas (cm)

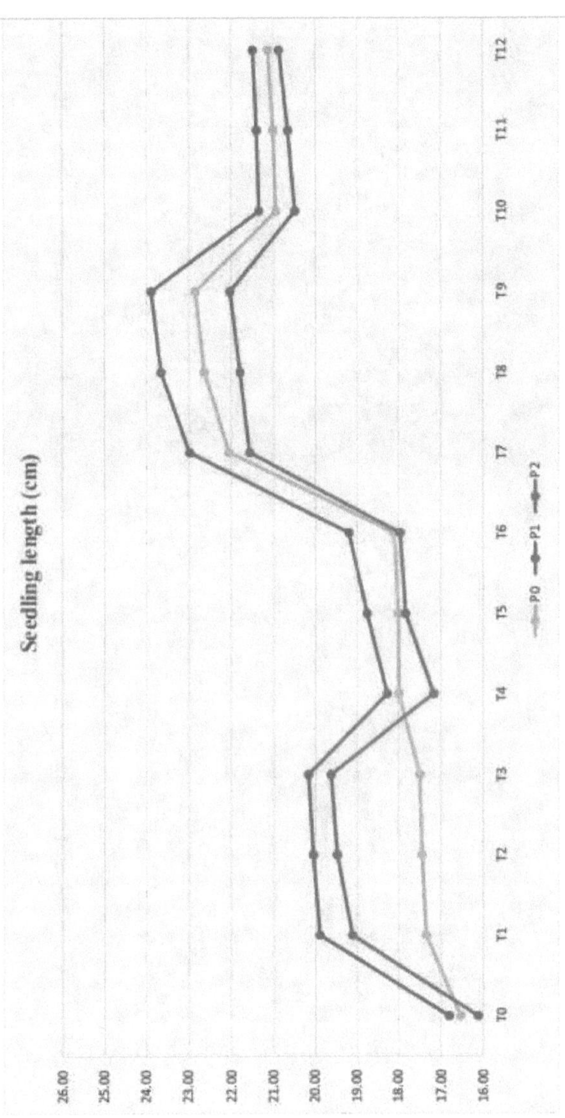

Fig. 4.30. Interação do pinching apical e do retardador de crescimento no comprimento das plântulas (cm)

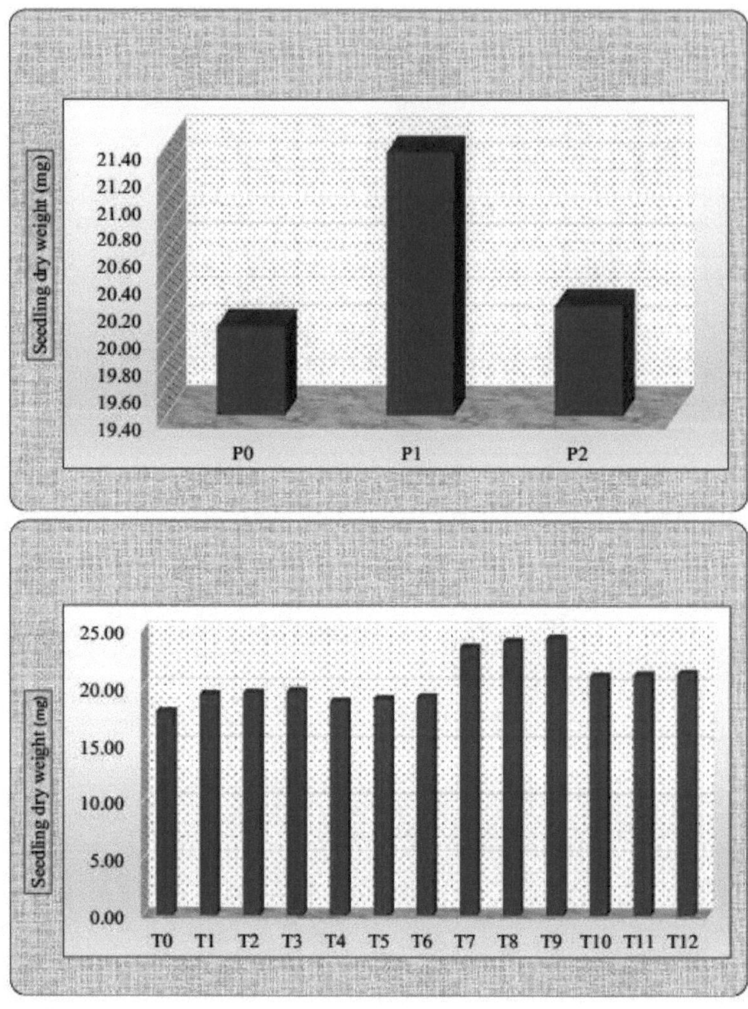

Fig 4.31. Efeitos do pinçamento apical e do retardador de crescimento no peso seco das plântulas (mg)

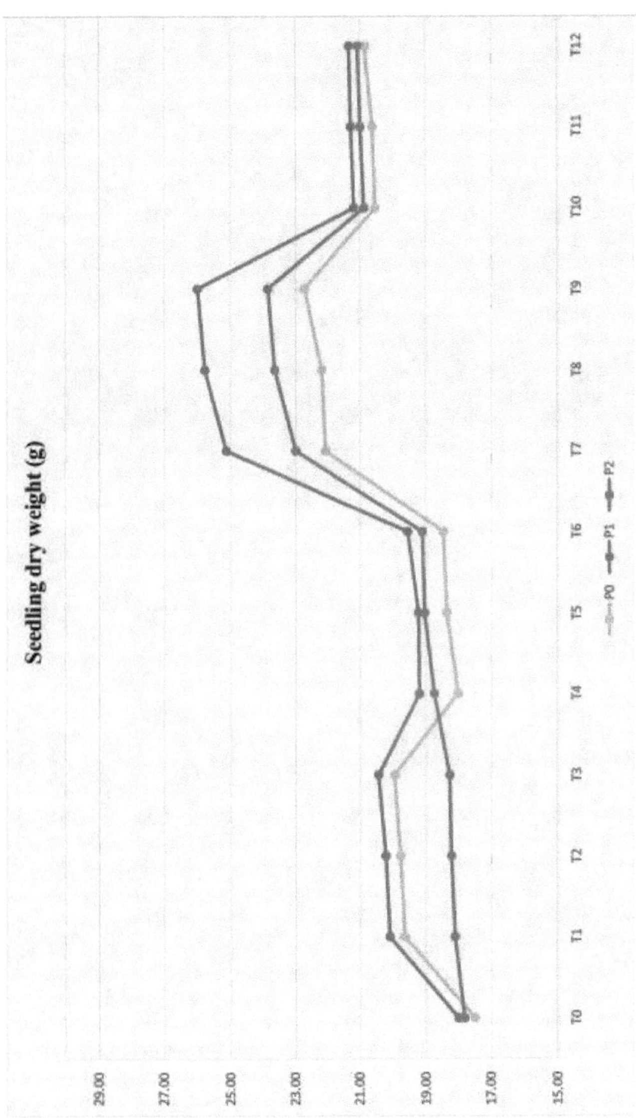

Fig 4.32. Interação entre o pinching apical e o retardador de crescimento no peso seco das plântulas (mg)

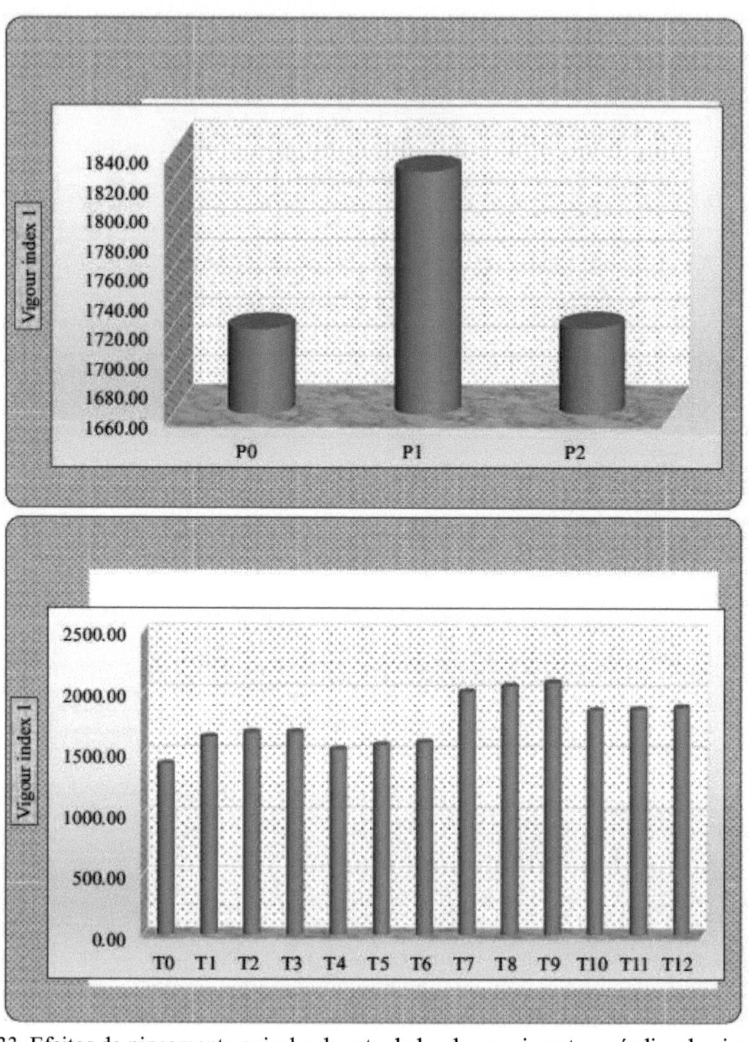

Fig. 4.33. Efeitos do pinçamento apical e do retardador de crescimento no índice de vigor I

110

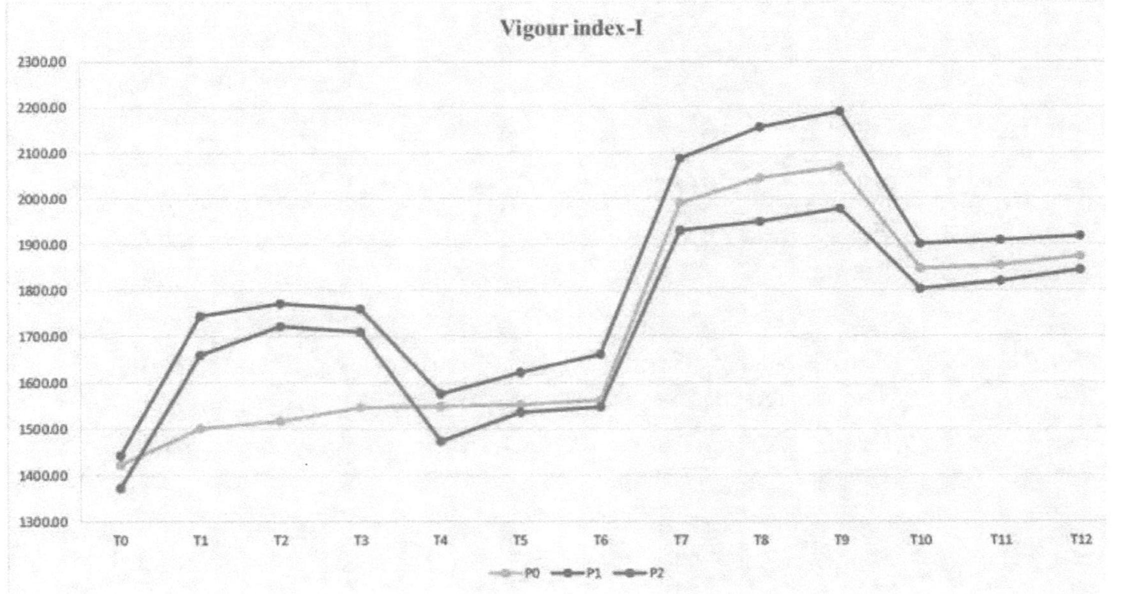

Fig. 4.34. Interação do pinchamento apical e do retardador de crescimento no índice de vigor I

111

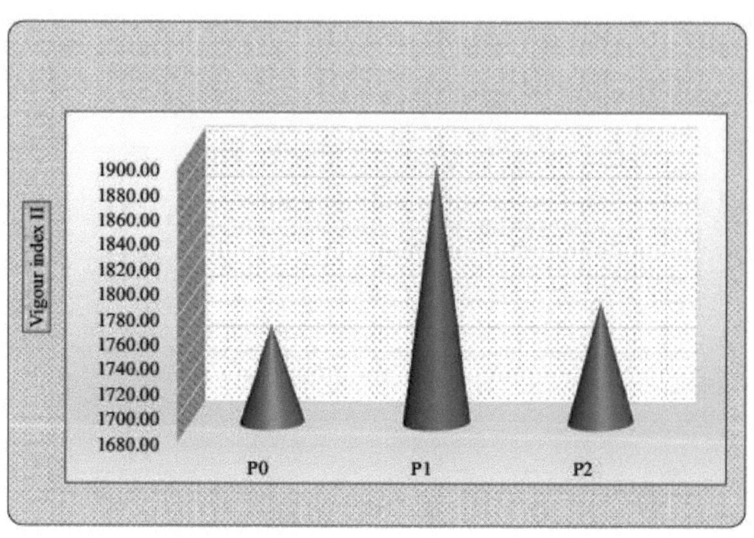

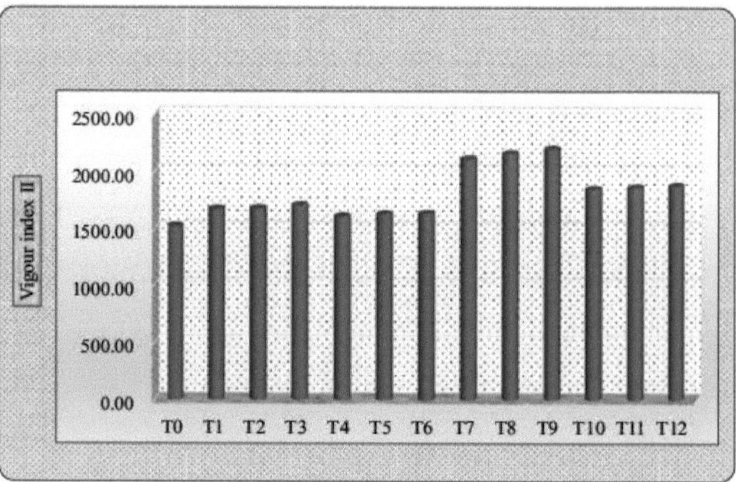

Fig. 4.35. Efeitos do pinçamento apical e do retardador de crescimento no índice de vigor II

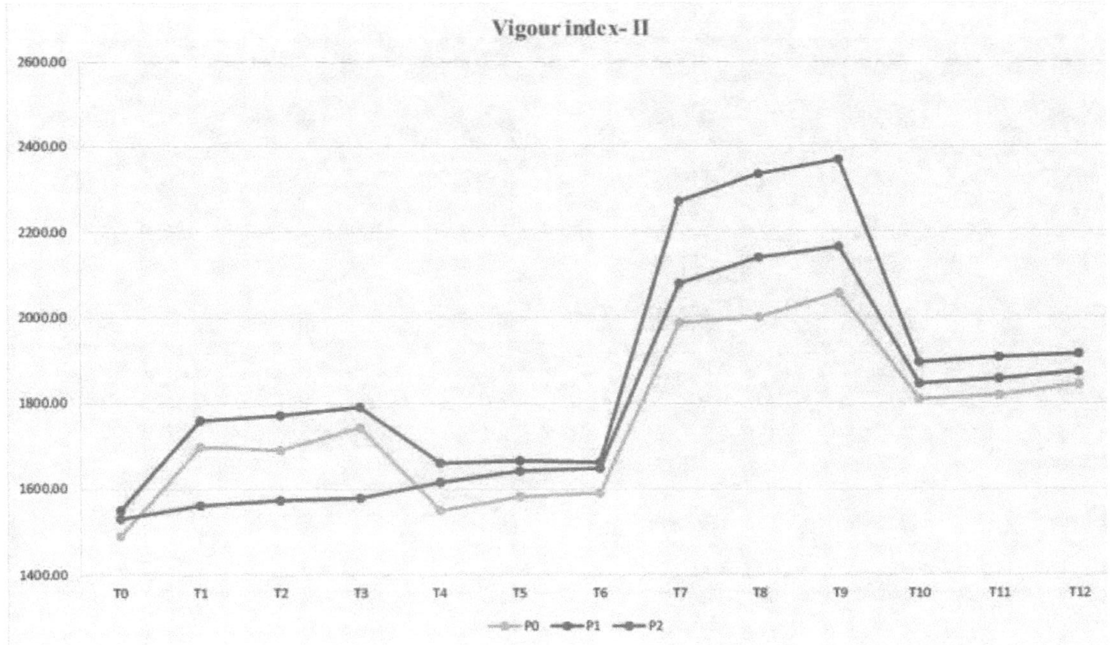

Fig. 4.36. Interação do pinchamento apical e do retardador de crescimento no índice de vigor II

Foto 1. Vista geral da parcela experimental

Foto 2: Tratamento de sementes antes das 16 horas de sementeira, pulverização de retardador de crescimento aos 30 DAS, peso de 100 sementes, produção de sementes por planta, medição do comprimento das plântulas e do diâmetro das sementes

Printed by Books on Demand GmbH, Norderstedt / Germany